大学生网络素养研究

主　编　聂　清
副主编　孟祥栋　马成瑶　刘　畅

上海大学出版社

·上海·

图书在版编目(CIP)数据

大学生网络素养研究 / 聂清主编；孟祥栋，马成瑶，刘畅副主编. —上海：上海大学出版社，2024.5
ISBN 978-7-5671-4899-4

Ⅰ. ①大… Ⅱ. ①聂… ②孟… ③马… ④刘… Ⅲ. ①大学生—计算机网络—素质教育—研究 Ⅳ. ①TP393

中国国家版本馆 CIP 数据核字(2024)第 031587 号

责任编辑 盛国喾
封面设计 倪天辰
技术编辑 金 鑫 钱宇坤

大学生网络素养研究
聂 清 主编
孟祥栋 马成瑶 刘 畅 副主编
上海大学出版社出版发行
(上海市上大路 99 号 邮政编码 200444)
(https://www.shupress.cn 发行热线 021-66135112)
出版人 戴骏豪
*
南京展望文化发展有限公司排版
句容市排印厂印刷 各地新华书店经销
开本 710mm×1000mm 1/16 印张 12.75 字数 190 千字
2024 年 5 月第 1 版 2024 年 5 月第 1 次印刷
ISBN 978-7-5671-4899-4/TP·87 定价 68.00 元

前　言 | Foreword

　　互联网承载着数字强国建设、网络强国建设,互联网的日益普及和信息技术的快速迭代给社会发展带来了无限机遇,网络教育资源的繁荣兴盛,极大程度地丰富了大学生的学习生活。作为"网络原住民"的"Z世代"大学生,衣食住行、学习生活都与网络密不可分。中国互联网络信息中心(CNNIC)发布的第52次《中国互联网络发展状况统计报告》显示,截至2023年6月,我国网民规模达10.79亿人,互联网普及率达76.4%,其中即时通信、网络视频、短视频用户规模分别达10.47亿人、10.44亿人和10.26亿人。互联网已经成为大学生生活、学习、交往、发展的主要途径。网络为学生带来无界的学习资源,但也带来了一系列问题和挑战,加强大学生网络素养教育,提升大学生网络素养是数字中国、网络强国建设的应有之举。

　　大学生是祖国的未来、国家的希望。习近平总书记在全国高校思想政治工作会议上指出,"要运用新媒体新技术使工作活起来,推动思想政治工作传统优势同信息技术高度融合,增强时代感和吸引力"。信息化时代的到来,也为高校思想政治教育的创新发展提供了前所未有的内生动力。信息技术变迁引起的社会环境之变、个体需要之变,是思想政治教育守正创新的新课题。时代赋予我们必须加强网络思政研究、开展大学生网络素养教育这一重要历史使命。

　　基于此,我们组织了一批从事网络思政研究的骨干力量编著本书,力图深入了解大学生网络素养教育现状,深度剖析大学生网络素养存在的问题及原因,结合多年实践教学和教育工作经验,提出大学生网络素养教育的建议与思考。

本书共六章,第一章主要介绍了互联网的发展演进历史与网络传播的概念特征,点明加强大学生网络传播管理的重要性;第二章对大学生网络素养内涵等相关概念进行了界定,从不同维度出发进行概念阐释和理论解析,为后文奠定理论基础;第三章主要阐释了大学生作为祖国的未来、民族的希望,提升其网络素养的现实意义与时代要求;第四章从实际出发,对大学生网络平台使用习惯的数据进行收集整理与系统分析,全面分析了大学生的网络群像特征;第五章聚焦痛点难点,通过具体案例,对大学生网络素养问题及其背后原因进行了分析探讨;第六章在调查剖析大学生网络素养教育现状的基础上,从社会、学校和家庭教育三个层面,提出改进大学生网络素养教育的策略意见,期冀为提升大学生网络素养教育、丰富相关理论研究贡献力量。

全书经过反复的调整打磨最终付梓,希望能为教育界、学术界在大学生网络素养教育和研究上贡献绵薄之力。期待能够成为高校思政工作者网络素养教育的案头书,新时代大学生自我学习自我认知的参考书。

新时代、新征程,唯有主动迎接数字时代带来的挑战与机遇,不断推动大学生网络素养教育的高质量发展,让网络赋能个体发展,方能贯彻好落实好为党育人为国育才的初心与使命,方能回答人民对高等教育的期待和党对高等教育的要求。

愿此书能有所助益。

聂　清

2024 年 4 月

目 录 | Contents

第一章

互联网的发展与网络传播特征

第一节　互联网的发展

当今世界，信息技术迅猛发展，以互联网为代表的网络信息传播在规模和范畴上不断壮大，网络终端、网络平台等网络传播媒介日新月异，互联网技术的发展也带来了新的传播格局和传播模式，深刻地影响着整个世界政治、经济、文化和社会等各个领域。了解互联网的基础知识、基本原理、发展历史、演进逻辑以及对社会发展等方面的影响，对把握网络传播机理及规律，提升网络思维、网络能力和网络信息素养具有重要意义。

一、互联网的基本原理

（一）互联网的基本概念

互联网（Internet）即计算机组成的网络。一般是由各种不同类型和规模的、独立运行和管理的计算机网络组成的世界范围的巨大计算机网络，它们之间通过各种传输介质进行连接。组成互联网的计算机网络包括小规模的局域网（LAN）、城市规模的区域网（MAN）以及大规模的广域网（WAN）等。这些网络通过普通电话线、高速率专用线路、卫星、微波和光缆等把不同国家、地区的组织和个人连接起来。

（二）互联网的构成

互联网一般由网络硬件、网络软件和网络协议构成，是互联网三个相对重要部分组成。

1. 网络硬件

计算机网络硬件包含网络终端设备、网卡、中继器、网桥、集线器、交换机、网关、调制解调器、路由器等。网卡（Network Interface Card）也称网络适配器，是连接计算机和传输介质的接口，按照传输介质的不同，可以将网卡分为有线网卡和无线网卡。中继器（Repeater）是物理层面上的连接设备之一，是一种通过对数据信号的重新发送或转发来扩大网络传输的距离设备。交换机(Switch)是一种用于电(光)信号转发的网络设备,目前常用的是以太网交换机。网络电缆(Network Cable)是指用来连接网络中各个设备的连接线,常见的网络电缆有双绞线、光纤、电话线等,是从一个网络设备(如计算机)连接到另一个网络设备并传递信息的介质,是网络的基本构件。网络设备包括交换机、路由器、调制解调器等,它们是发送或接收数据的终端设备。

2. 网络软件

网络软件主要指网络应用系统,是根据要求而开发的基于网络环境的各种应用[①]。网络软件可以确保网络中不同系统之间能够有效地相互通信和运作,常见的网络操作系统有 UNIX、Netware、Windows NT、Linux 等。存在漏洞及缺陷的网络软件会被利用、入侵和破坏,要有相应的安全策略和安全机制给予标识和保护。

3. 网络协议

20 世纪 70 年代温特·瑟夫(Vint Cerf)和罗伯特·艾略特·卡恩(Robert Elliot Kahn)共同首先提出了传输控制协议(TCP)和互联网协议(IP),这是互联网核心的基本通信协议,为之后因特网的飞速发展打下坚实的基础。网络协议是计算机网络中进行数据交换而建立的规则、标准或约定的集合,由语义、语法、时序三个要素组成。

网络协议是网络上所有设备(网络服务器、计算机及交换机、路由器、防火墙等)之间通信规则的集合,它规定了通信时信息必须采用的格式和这些格式的意义[②]。TCP/IP 是互联网的正式网络协议,是一组在许多独立主机系统之间提供互联功能的协议,规范互联网上所有计算机互联时的传输、解释、执行、互操作功能,是当前网络通信协议的国际工业标准。TCP/IP 属于分组交换协议,信息被分成多个分组在网上传输,到达接收方后再把这些分组重新组合成原来的信息,除 TCP/IP 外,常用的网络协议还有 PPP、SLIP 等。

---

① 彭兰.网络传播概论(第四版)[M].北京:中国人民大学出版社,2017:1.
② 李维明.协议是规则,安全是保障——"网络协议与安全"的教学[J].中国信息技术教育,2021(6):12-13.

（三）互联网的分类

1. 按网络覆盖范围分类

以覆盖范围为标准,可以把网络划分为局域网、区域网和广域网。局域网是指在一块相对独立的区域范围内的网络,范围较小,数据传输速度快,一般以企业、政府、高校、公共设施等园区为单位,目前使用的基本是以太网。广域网是指连接局域网或区域网的通信网络,它连接的物理范围很大,能覆盖多个地区、城市和国家,形成国际性的远程网络。

2. 按拓扑结构分类

网络拓扑是指通过网络传输介质互联各种设备呈现出的一种结构化的布局。按照网络拓扑形态的不同可以将网络分为星型网络、总线型网络、环形网络、树状网络、全网状型网络、组合型网络等。

3. 按传输介质分类

根据传输介质的不同,网络可以分为有线网络和无线网络。有线网络采用适合短距离传输速率快的双绞线、同轴电缆、适合远距离传输的光纤(光缆)等。无线网络则以卫星通信、无线电波、红外线或微波等作为介质进行传输的。

4. 按使用者分类

按照使用者不同,可以将网络分为家庭网络、工作网络和专用网络三个类型。家庭网络和工作网络是信任网络,在使用时会使用比较宽松的防火墙设置,公用网络是供公共用户使用的通信网络,为不可信任网络,防火墙会自动跳出比较严格的防护策略,从而保护计算机不受外来网络入侵。

（四）新一代互联网技术

1. 5G

第五代移动通信技术(5th Generation Mobile Communication Technology,5G),它包括基于 OFDM(Orthogonal Frequency Division Multiplexing)即正交频分复用技术优化的波形和多址接入、实现可扩展的 OFDM 间隔参数配置、超密集异构网络、内容分发网络、软件定义网络和网络虚拟化等关键技术,是具有高速率、低时延和大连接特点的新一代宽带移动通信技术,5G 通信设施是实现人机物互联的网络基础设施。

2. IPv6

IPv6 是英文 Internet Protocol Version 6（互联网协议第 6 版）的缩写，是互联网工程任务组（IETF）设计的用于替代 IPv4 的下一代 IP 协议，其地址数量号称可以为全世界的每一粒沙子编上一个地址[①]。IPv6 具有更大的地址空间，支持对流的控制，并为服务提供了良好的网络平台，使得网络（尤其是局域网）的管理更加方便和快捷，也具有更高的安全性。

3. 云计算

云计算基于互联网的数据处理方式，具有强大的传输能力，使得计算和数据无处不在。云计算有性能强、成本低、维护简便等多重优点，是继互联网、计算机之后的信息时代的又一革新，用户获取资源将不再受时间和空间的限制，只要有网络就可以获得所需的无限资源。云计算已衍生出存储云、医疗云、教育云和金融云等。云计算技术已经普遍融入现今的社会生活。

4. 物联网

物联网是指通过各种信息传感器、射频识别技术、全球定位系统、红外感应、激光扫描等各种装置与技术，实时接入任何需要监控、连接、互动的物体或过程，采集其声、光、热、电、力学、化学、生物、位置等各种需要的信息，通过各类可能的网络接入，实现物与物、物与人的泛在连接，实现对物品和过程的智能化感知、识别和管理。物联网是一个基于互联网、传统电信网等的信息承载体，它让所有能够被独立寻址的普通物理对象形成互联互通的网络。

二、互联网的发展阶段

互联网诞生后，大致经历了三个发展阶段。

（一）PC 互联网阶段

1. 概念

PC 互联网是指基于终端设备的互联网技术平台、商业模式以及应用

---

① 总政宣传部编.网络新词语选编[M]北京：解放军出版社，2014：86.

等,具有固定性、匿名性、非实时性等特征。1969 年阿帕网在美国诞生并被用于军事,标志着互联网雏形的诞生。为了安全,互联网最初便采用了"分布式"的网络结构,这种结构也奠定了后续发展中网络传播"去中心化"的特点。1971 年 Unix 操作系统诞生,随后,电子邮件诞生,为人们信息沟通方式带来了重大的变革。1978 年电子公告栏也就是论坛的前身 BBS 诞生,1983 年域名系统(DNS)诞生,网址开始以".com"".net"等后缀命名。1989 年万维网诞生,互联网从此走向普通民众。

2. 主要特征和技术

PC 互联网如一个巨大的信息库,用户的需求是获取信息,用户通过互联网收集、浏览和读取信息,实现信息获取效率的最大化。而网络内容的编辑管理权限则掌握在开发者手中,网络发布什么样的信息,用户就看到什么信息。该阶段从设备上来看,主要基于 PC 端设备,是一种单向的信息传播模式,例如,搜索引擎是这一阶段互联网的绝对入口。从应用场景来看,PC 互联网使用时间和使用地点相对固定,主要是在办公室或家里,可以说是一种"人找信息"的模式,搜索是很重要的一个动作,该发展模式中"人找信息"解决了信息不对称的问题。

(二)移动互联网阶段

1. 概念

2000 年之后,蜂窝移动通信技术的进步以及处理器性能的提升使得移动设备越来越小,处理能力越来越强。2010 年以来,在 3G/4G 通信技术基础上,移动终端芯片和 iOS、Android 操作系统等多模态信息综合体相继涌现,硬件与软件融合发展,人们进入移动互联网时代。

2. 主要特征和技术

移动互联网阶段主要基于移动端的设备,如手机、平板电脑等。移动互联网是移动通信技术和互联网技术的结合,移动互联网具有小屏幕、社交化、碎片化、自媒体化等特点,互联网交互性功能逐渐凸显。体积小、功能强大的智能手机的出现和普及完全打破了 PC 互联网阶段的思维,操作系统的设计出现了根本性的变革,用户有了完全不同于固有功能手机时代的感受与体验,同时也带来了商业模式、生活方式的变革。例如,对人们生产生活产生重大影响的移动支付,从应用场景来看,它已不受时间和地域的限制;原有的文字加图片模式,被视频化所取代,并且大部分是在碎片化的时间中使用,人们的衣食住行在互联网中均能得到相应的商品或服务。

(三)万物互联网阶段

1. 概念

万物互联(Internet of Everything,IoE)是互联网基础上延伸和扩展的网络,指将人、流程、数据和事物结合在一起使得网络连接变得更加相关、更有价值。将各种信息传感设备与网络结合起来而形成的一个巨大网络,可实现任何时间、任何地点万物的互联互通。万物互联将信息转化为行动,并带来更加丰富的体验和前所未有的经济发展机遇。

2. 主要特征和技术

在万物互联网阶段,人工智能等新兴技术和实体经济深度融合,主要的理念和特征是万物皆可相连,一切皆被数据化。工信部等十部门联系发布的《5G应用"扬帆"行动计划(2021—2023年)》提出:未来三年5G行业应用是发展重点,5G行业要赋能大型工业企业,实现5G应用渗透率超过35%;重点行业5G应用标杆数达到100个;5G物联网终端用户数年均增长率超200%。目前5G的发展大致可以分为三个阶段:一是行业探索期,主要为5G与高清视频应用融合,比如无人巡检、实时监控、实时调度等场景应用;二是行业高速发展期,5G全面赋能产业数字化,深入布局行业现场、工业产线、企业园区;三是海量物联网爆发时期,产业中有观点认为海量机器类通信(mMTC)会先于高可靠低时延通信(uRLLC)实现商用。

三、互联网在我国的发展

在中国,互联网已经走过了将近30年的历程,中国逐步从网络大国走向网络强国。中国网民数量众多,而且还创设了世界著名的互联网公司。互联网在中国的发展可以大致分为四个阶段。

（一）起步阶段：1994—2000 年

1994 年被称为中国互联网元年,中国与国际互联网相连,成为国际互联网家庭中的一员。1995 年,雅虎网站享誉全球,使人们认识到了免费且开放的门户网站所蕴含的巨大价值。在中国本土,一群年轻人也紧紧追随着时代的步伐。1995 年"瀛海威信息通信公司"在北京成立,成为中国第一个互联网接入服务商,面向普通家庭推出中文网络。1996 年,第一家网吧"实华开网络咖啡屋"在北京开业,"泡网吧"成为一种时尚。1997 年,丁磊创办网易成为中国门户网站的先行者,开通电子邮件服务。这个阶段,一大批知名的互联网公司诞生,如搜狐、京东、腾讯、阿里巴巴、百度等,中华网更是于 1999 年 7 月在美国纳斯达克上市。与此同时,广大网民也通过各大BBS 社区和个人主页等途径积极参与互联网内容的创作,比如 90 年代中国最早的 BBS 社区水木清华、网络小说平台黄金书屋、1999 年上线的天涯社区等。

起步阶段,中国互联网主要依靠搜索引擎传递信息,以通用的协议相连接,形成逻辑上单一且巨大的全球化网络。由此也衍生出互联网产业链,包括前端的网络连接维护、设备和流量营销、信息内容推广服务,中端的设备制造,后端的技术开发,它们既是基础设施,又是新的经济增长点,既是一种信息通信技术,更是一场技术革命,依靠其强大的渗透力和扩散力,支撑和牵引经济社会发展,极大地推动了社会化大生产从机械化、电气化、自动化迈向信息化的进程。

（二）探索成长阶段：2001—2012 年

2003 年是中国互联网发展史上的又一重要年份,这一年淘宝网上线,同年 10 月第三方支付平台"支付宝"上线,基于互联网的中国电商时代由此拉开帷幕。百度借助"搜索竞价排名"在商业上获得成功,成为"中国网民首选的搜索引擎"。2009 年至 2010 年,中国移动互联网的发展全面加速,这一时期内苹果连续发布了 iPhone 3G 和 iPhone 4 两款智能手机。智能手机和移动互联网让人们的上网时长变得越来越长,接入互联网时端口开始从PC 互联网端转向移动互联网端,发朋友圈等成为一种时尚。2011 年微博迅猛发展,政务微博、企业微博等出现井喷式发展,微博崛起的背后,"短图文"替代过去 BBS、门户时代的"长图文",成为一种新的主流内容媒介。2012 年中国手机网民首次超过 PC 端用户,移动互联网时代正式开启。

这一阶段的发展得益于中国家用电脑大量普及,互联网用户呈现爆炸式增长,互联网上的各种内容、娱乐都变得更加多样、繁杂,各种垃圾信息也逐渐增加,在用户侧,迫切需要一些效率更高的信息分发与推荐机制来帮助自己获得更精准、更有针对性、更有价值的内容。

(三)快速发展阶段:2013—2020 年

这一阶段,互联网金融蓬勃发展,2013 年,阿里巴巴集团推出"余额宝"业务,腾讯推出"微信红包"。2014 年,第一届世界互联网大会在乌镇召开,共享单车出现在人们的身边。2015 年,我国首次提出通过"互联网＋"推动移动互联网、云计算、大数据、物联网与现代制造业结合,促进电子商务、工业互联网和互联网金融的发展。2016 年,抖音上线,互联网直播、短视频等风靡全国,造就了第一批网红。2017 年,无人店引领新零售,微信小程序正式上线,微信就此一步步成为一个能够"连接一切"的超级 App。2018 年,区块链横空出世,中国北斗系统开始提供全球服务。2019 年,工信部发放 5G 商用牌照,中国正式进入 5G 商用时代。

5G、人工智能、区块链、大数据、云计算等技术迅猛发展,促进了互联网平台企业的发展,产生了一大批如淘宝、京东、天猫、拼多多等著名互联网企业。互联网给个人生活、企业经营、产业升级、区域发展以及社会治理等带来了深刻影响,改变了人与人、人与物、物与物的交往交换方式、组织结构、功能效用等,突破和压缩传统认知的时间与空间。

(四)成熟繁荣期:2021 年至今

根据中国互联网信息中心第 50 次《中国互联网络发展状况统计报告》,2022 年上半年我国移动互联网接入流量达 1241 亿 GB,同比增长 20.2%。当前我国的网民人数位列全球第一,电子商务总量排名全球第一,电子支付总额排名全球第一,IPv6 地址资源总量位居全球第一,算力规模排名全球第二,人工智能、云计算、大数据、区块链、量子信息等新兴技术跻身全球第一梯队,是名副其实的网络大国。

中国互联网公司非常重视技术研发,如阿里巴巴成立了达摩院,百度在人工智能领域的布局,腾讯在大数据方面铺垫等。还有一些企业的技术创新成果得到了世界认可,在第四届世界互联网大会公布的 18 项世界先进科技成果中,由中国团队研发的占六成以上。中国企业在技术创新上的长足发展,为推动未来数字经济,大数据战略奠定了坚实基础。未来的互联网将迈入产业互联网阶段,通过互联网改变整个经济社会结构。互联网还将成为世界创新发展的重要新引擎,融合应用赋能新发展,是全球技术创新、产业创新、业态创新、产品创新、市场创新和管理创新的引领者。网络安全服务市场快速拓展,网络治理取得新成效,构建网络空间命运共同体成为共识,国际合作将不断开创新局面,全球正走向成熟繁荣的互联网新时代。

第二节　网络传播的基本概念

传播是指社会信息的传递或社会信息系统的运行,它是人的一种基本社会功能,人类在传播的过程中促使个人实现社会化和维持个性化。传播学 19 世纪末开始成为一门独立的学科研究人类如何运用符号进行社会信息交流的起源、发展。传播行为中包括三个最重要的要素——传播者、受传者和媒介,在影响传播的各种因素中,每一次传播媒介的变迁都带来了人类传播方式的重大变革。为此,按照传播媒介的不同,可以将人类的传播史划分为口语传播、文字传播、电子传播和网络传播等四个时代。

一、信息传播的发展历程

（一）口语传播时代

口语传播是指通过语音形式以及体态语等向受传者(听话人)进行信息的传播和感情的传递,口语传播主要有即逝性、动态性、个体性等特点。口语传播是人类传播史上的第一个发展阶段,口语的出现大大促进了人类思维能力的发展,是人类传播史上第一个重要的里程碑。直到网络传播时代的今天,我们在日常接待、新闻发布、演讲、沟通交流、公务谈判等场合依然使用口头传播,可以说口语传播至今仍是人类生活中不可缺少的传播方式。但是口语传播也有劣势,其只能在很近的距离内传递和交流信息,信息的保存和积累只能依赖于人脑的记忆力。

（二）文字传播时代

文字作为人类掌握的第一套体外化符号系统,使语言有形并得以保存,人类通过文字记录来保存、传递信息,它的产生大大加速了人类利用体外化媒介系统的进程。文字的演变让异时、异地传播成为可能,是人类文明的重要标志之一。文字传播打破了声音和语言的距离限制,扩展了人类交流和社会活动的空间,从时间的久远和空间的广阔上实现了对语言传播的真正超越。我国发明印刷术后,传播人类文明的书籍被大量印制和传播,极大地推动了文明的发展,促进了思想和文化的传播,普通民众有了接触知识的机会。可见,文字传播对人类社会的政治、经济和文化产生了深远影响。

（三）电子传播时代

电子传播是指运用电子媒介进行信息传播的活动,可分为个人性的媒介如电话、电报等和公共性的媒介如广播、电视等,也可以传播媒介将其分为有线电子传播和无线电子传播。电子传播可以追溯到1837年,美国人塞缪尔·莫尔斯发明了第一台实用电报机。1844年,第一条电报线路开通,莫尔斯发出了世界第一封电报。1858年,大西洋的海底电缆宣告竣工,实现接近于实时速度的远距离信息传递。电子传播实现了声音和影像信息的大量复制、传播及保存,使人类知识经验的积累和文化传承的效率和质量产生了新的飞跃。

（四）网络传播时代

网络传播是以数字技术为基础、以网络为载体、以多媒体为呈现形式的传播方式,具有信息内容海量化、网络空间虚拟化的特点。网络传播时代的信息传播还具有即时性、交互性、开放性等特征,是目前最快捷、最便利的传播方式。

从历史发展进程的角度来看,人类传播的这几个阶段在历史发展进程中并没有相互取代,而是平行发展、依次叠加,共同推进着人类文明的进步。

二、网络传播的基本要素

网络传播是利用计算机技术和网络通信技术进行信息传递、获取和利用的传播方式。为了更深入地了解网络传播,我们可以从基本要素、网络传播具体形式、基本形态和特征等角度对网络传播进行深入理解。

(一)网络传播的主客体

网络传播的主客体是网民,根据中国互联网络信息中心(CNNIC)发布的第 52 次《中国互联网络发展状况统计报告》数据显示,截至 2023 年 6 月,我国网民规模达 10.79 亿人,较 2022 年 12 月增长 1 109 万人,互联网普及率达 76.4%。移动互联网应用蓬勃发展,国内市场上监测到的活跃 APP 数量达 260 万款,进一步覆盖网民日常学习、工作、生活。[①] 传统上,传播分为传播主体和受众,受众是信息的接受者,但是在网络时代,传播受众的主动性增强,不局限于对已有信息的反馈,还积极参与信息传播的过程,所以现在通常用网民、用户等中心化的称呼更为准确和贴切。除了个体网民以外,通过打造高频次互动的数字化应用场景,还形成了线上与线下相结合的新型互联网社区,让不同的人群获得数字化服务,使他们成为互联网传播的主体,为互联网行业带来了新场景、新机会和新模式,推动数字中国的建设。

(二)网络传播的媒介

网络媒介是指运用电子计算机网络及多媒体技术传播信息的媒介技

---

① 第 52 次《中国互联网络发展状况统计报告》.[EB/OL].[2024 - 04 - 30]https://www.cnnic.net.cn//n4/2023/0828/c88-10829.html.

术。传统的信息传播媒介主要是"纸媒",包括报纸、杂志等印刷品。之后,随着电子技术的发展进而产生了广播、电视等"电波媒介"。20世纪末兴起的电脑网络传播媒介,是以地空合一的电信设施为传输渠道、以功能齐全的多媒体电脑为收发工具,依靠网络技术连接起来的复合型媒介,实现了覆盖全球、高效灵便的功能。随着互联网和信息技术的发展,信息获取、信息传输、信息处理和信息应用都发生了巨大的变化。QQ、微信等工具软件一体化实现了多种传统媒介的功能,网络传播媒介大量替代了原来的电报、电话、有线电视、传真等业务。在网络时代,为了在激烈的市场竞争中生存下来,传统媒介主动与网络传播媒介融合,积极开发 App,将自己融入网络传播媒介中。例如,电视台转战网络平台,使用弹幕、VR 等新样态,在播出渠道上采用"多屏幕""多终端"等策略,促进与网民实时互动。

（三）网络传播的内容

网络传播内容是指包含主题、观点、价值取向等信息,网络传播的内容通常通过文本分析进行考察,以语言、文字、声音、图形、画面、影像等异于其他传播形式的载体传递的,网络传播内容的效果还受到传播技巧影响,一些能够引起受传者注目、引起他们的特定心理和行动反映的内容取得的效果会比较好。

三、网络传播的具体形式

网络传播的具体形式是网络传播的模式和传播情境,是网络传播的基础。

（一）网站传播

网站传播是组织和个人通过网站发布信息的形式,是互联网早期重要的服务形式,也是最常见的网络传播应用。随着 WEB 的兴起,人们开始用门户网站来吸引用户。例如,组织和机构通过网站发布信息、开设办公的平台与窗口,企业电子商务的加入让网络成为一个营销平台。网站传播具有较高的技术门槛并需要长时间的维护,流量是观察网站的统计工具。一些传统媒体看到了互联网的潜力,于是纷纷"上网",1997年《人民日报》网络版创刊揭开了大批媒体上网的序幕。最开始这些媒体把自己的印刷版直接搬上网,和纸质版没有差异,后来开始利用网络传播的特点进行选材,追求时尚感、时效性,建立数据库,增加评论互动。2000年以后,这些媒体逐步摆脱传统思维的束缚,更多以相对独立的方式进行运作和经营。此外一些媒体还采用联合其他媒体或与商业网站合作的形式不断扩大版图。一些从技术起家的公司,如新浪、搜狐、网易、腾讯等,把"新闻"作为自己业务的增长点,并在一些国内外重大事件的报道中做出快速反应,满足了大众的需求,在当时获得了巨大的成功。

（二）自媒体

互联网在我国飞速发展和不断普及,用网门槛不断降低的同时,网络已出现了"无限流量"的趋势,互联网产品也愈发充盈着我们的生活。自媒体（"We Media"）是指普通大众通过网络等途径向外发布他们本身的事实和新闻的传播方式。

博客是使用特定的软件,在网络上公开、发表和张贴个人文章的人,也可以是一种通常由个人管理、不定期张贴新的文章的网站,博客结合了文字、图像、其他博客或网站的链接及其他与主题相关的媒体,能够让读者以互动的方式留下意见,博客是社会媒体网络的一部分,比较著名的有新浪博客等。虽然现在博客不再有过去的光景,但是一些专业类的博客仍然保持着旺盛的生命力。

微博是自媒体高潮的第二波推动者,它成本低、用户集中,是利用网络开展交流的平台,可以快速放大个别自媒体的影响,产生裂变式传播效应。例如,不断做大做强的新浪微博,宣传语是"随时随地发现新鲜事"。

微信是腾讯推出的一个为智能终端提供即时通信服务的免费应用程序,是另一个主流的自媒体平台。微信创始人张小龙在2021年1月19日的微信公开课上披露,每天有10.9亿用户打开微信,7.8亿用户进入朋友圈,1.2亿用户发布朋友圈,3.6亿用户读公众号文章,4亿用户使用小程序。虽然信息发布有种种要求,但是,它仍然是今天各类组织主流的信息发布渠道之一。

（三）视频直播

网络视频直播是指人们可以通过网络收看到远端进行的现场音视频实况，最开始多应用于赛事、会议、教学、手术等领域。网络视频其实很早就出现了，随着移动终端的应用和发展，从一个侧面推动了视频直播普及。传统媒体时代能上电视是莫大的荣耀，而新媒体时代，普通人可以通过自拍实现"我在现场"，移动互联网时代的网络直播除了"前台"，还把"幕后"的景象也呈现了出来，使人感觉更为真实。除了重大事件外，现在的网络直播中占比很大的还有"草根"直播、销售直播、网红直播等各种形式和载体。网络直播准入门槛较低，只需要有一台直播设备一处空间就能依托于软件技术实现直播，受众基础广泛，传播影响巨大，还可以通过弹幕、评论参与互动。

随着网络直播行业的迅猛发展，直播内容打擦边球、青少年模式流于形式、不良内容暗藏在互联网"角落"、主播偷税漏税等问题，对未成年人造成了巨大的社会隐患，甚至导致其价值观扭曲，需要国家相关部门加大监管力度，规范互联网直播行业健康有序发展。

（四）虚拟体验

互联网数字技术的发展已然成为传媒发展的主要动力，以数字化为特征的新兴传播技术与平台的推广普及不断扩充着现代传播的内涵。虚拟现实技术的出现打破了时间和空间的壁垒，让曾经不可复制的感官体验成为可以重复体验的行为，新闻媒体从此走进了沉浸式传播的时代。

虚拟现实（Virtual Reality，VR），这个新兴的事物在短短一两年内火遍了整个世界，各类 VR 设备雨后春笋般出现在人们的视野中，Oculus Rift、HTC Vive、PlayStation VR 等比较高端的 VR 设备已实现与电脑或游戏主机的配合使用。VR 技术能够使体验者产生一种身临其境的感觉，甚至能够让人忘却身体所处的真实环境。VR 技术还可以激发用户的好奇心，用户可以在虚拟环境中自行构建文本。

还有一类 VR 设备的代表是 Gear VR 和 Google Cardboard,该类设备只需要连接随身携带的手机即可使用。近年来发展迅速的还有用户借助穿戴式 VR 设备,用户可实现与虚拟空间物体发生互动,用户做出交互式动作,虚拟物体会立刻进行信息反馈。

四、网络传播的主要形态

一般的传播大致可以分为人际传播、群体传播、组织传播和大众传播四种,在网络中,以上四种传播的基本形态和以往既有相同的方面也有互联网中的独特性。

(一)网络中的人际传播

网络中的人际传播是指个人与个人在网络上的信息传播活动。在网络人际传播中一方面受人的主观意愿的影响,另一方面受限于互联网技术的掌握程度、终端设备的技术等媒介设备的影响,电子邮件、博客、微信、QQ 等都是重要的网络人际传播渠道。网络人际传播扩大了交流范围,既可以和现实中认识的、熟悉的人交流,也可以跟千里之外素未谋面的陌生人交流,交流对象除了广泛性外还具有可控性与选择性。在交流方式上,也衍生出一些网络特有的语言和符号体系,例如各种表情符号,深受网络用户的喜爱。由于网络是虚拟空间,网络人际传播中不乏"表演"与"印象整饰",人们可以更主动地进行自我形象的设计与控制和自我形象管理,网络人际传播也会反作用到现实的关系中。

(二)网络中的群体传播

网络中出现的社区也被称为虚拟社区(Virtual Community),虚拟社区的形成源于人类社交需要,比如,基于共同兴趣爱好而进行交流、分享一些相似经历或经验、商品交换等都会形成虚拟社区,社区结构模式有圈式结构、链式结构。虚拟社区处于动态的变动,关系的远近、利益的相关性等都会影响到虚拟社区的规模,网络中的群体压力和群体心理会对个体产生影响,群体中的多数意见对成员个人意见或少数意见会产生一定的压力。

互联网群体传播的过程一般会涉及动因、传播主体、渠道、社会经济与技术环境及相关机制等要素,互联网群体传播与社会认知及其行为紧密相关。对互联网群体传播的动力学模型与控制研究,可深入发现其微观复杂特征和规律,了解群体传播的起源、渠道,从而研究其动态特征与传播控制方法,为相关部门的应急管理决策实践提供支持。

(三)网络中的组织传播

网络组织传播是指社会组织依靠网络技术在组织内部和外部的传播形态。网络中的组织传播打破了传统的"金字塔式"结构,在"金字塔式"结构中信息流动的速度很慢,网络传播使得信息传递呈现出网格式形式,在最大限度上实现了信息的共享,改善了组织内部的信息流动速度。在组织内部,大家通常用电子邮件和即时通信的方式进行交流,由于可以采用匿名的形式,在实际中也出现了虚假信息、成员发泄私愤等现象。

(四)网络中的大众传播

网络大众传播(Computer-Mediated Mass Communication,CMMC)相较于网络人际传播、网络群体传播、网络组织传播,是规模最大的一种传播方式。互联网的兴起颠覆了传统大众传播的概念,非职业的个人也能够成为大众传播的主体,而其传播手段也因数字化的引入而更加丰富多样。[①] 网络中的大众传播打破了传统传播中的高壁垒,传播主体呈现出多元化的特征,除了传统的大众媒体外,商业网站、政府部门、各种社会组织与机构,甚至一些个人,都可以利用网络进行传播,网络受众处于一个更多元的信息环境中,网络信息质量的良莠不齐、虚假新闻或信息的泛滥等,使网络管理主体对传播效果的预测与控制变得更为困难。与传统大众传播相比,网络大众传播中受众在信息源选择以及获取信息的时间、方式、广度与深度等方面具有更多的自主权,受众的深度参与,使网络传播已经不再是传播者可以单方面把握的过程,而是双方"互动"所形成的一个复杂传播过程。

---

① 严三九.网络传播概论[M].北京:化学工业出版社,2012:65-66.

第三节　网络传播的主要特征

党的二十大报告指出："坚持把发展经济的着力点放在实体经济上,推进新型工业化,加快建设制造强国、质量强国、航天强国、交通强国、网络强国、数字中国。""加强全媒体传播体系建设,塑造主流舆论新格局。健全网络综合治理体系,推动形成良好网络生态。"在互联网时代,未来网络传播面临机遇与挑战,特别是在思想政治工作中,要用足、用好、用活网络,推动党的创新理论高效传播;要讲好"中国故事",推动群众更好地理解、应用、拥护党的创新理论,并把这些创新理论更好地、更有效地转化为推动各项事业蓬勃发展的强大动力。要达到以上目标,迫切需要我们理性清晰地认识目前网络传播中存在问题,在此背景下,我们要深入了解网络传播规律,准确把握其生成演化机理,不断推进工作理念、方法手段、载体渠道、制度机制等的创新。

一、网络传播的基本特点

(一)去中心化

网络传播的去中心化特征,在技术层面上与分布式网络密切相关,在分布式网络中,每个节点都是平等的,即使某些节点和网络局部受损,整个系统也能不受太大影响,仍能正常运转。之前的网络传播中,信息的发布者如媒体、网站等发布的内容是读者获得信息的主要来源,但是在 Web2.0 时代和社会化媒体兴起后,互联网上的任何用户都有成为信息传播中心的可能性,当一则信息发布后,其他人可以选择转发这则消息,使该信息大面积快速传播,在整个传播链条中呈现出一种去中心化的结构。去中心化的优势是可以快速制造大量的内容。在内容制造层面,中心化机构的实力、人力、创造力是有边界的,去中心化已成为网络传播的趋势。

(二)数字化

网络传播的数字化特征,是指在网络传播中,把信息转化成为计算机可以识别的数字语言,数字语言依靠的是二进制系统,所应用的数字只有 0 和 1,数字化网络正在改变人类的交流和互动。在数字化时代,所有的信息都用同样的数字格式来显示、处理、储存和传播,它具有无可比拟的巨大优势,标志着人类真正进入信息时代。在数字化影响下,信息的传播数量呈指数级增长;信息的传播形式则通过加大虚拟世界的现实体验为用户带来数字世界的视听盛宴。

数字化也带来其他方面改变:一是人人化,随着 5G 技术的发展,人人是媒体,处处是媒体,实时是媒体。5G 时代,自由视角、子弹时间、高清视频、AR、VR、智慧媒体等应用将快速普及,每一个人都可以通过 5G 传播信息和思想。二是精细化,精细化背后对应的就是大数据,大数据是基于相当大量级的数据进行数据搜集、分析与挖掘的应用技术。超大带宽的场景、海量连接的场景和超可靠低时延的场景将成为 5G 的三大应用场景。

（三）多极化

多极化特征是指在网络传播中,信息传递过程中的"影响流"环节不断增加。网络时代,只要有移动终端的存在,任何人在任何时间、任何地点能够获得信息。例如,通过点赞、评论、转发等行为成为网络信息的接收者和传播者。传播主体也由以前掌握舆论导向的网络精英主体变为现在新兴的网络主播群体、网络虚拟主体等,信息传播过程也更加复杂,对舆论导向的管理产生了很多不确定因素。

（四）互动化

互动化是指在网络传播中虚拟与现实的互动与融合。互联网刚出现时被当作是一个虚拟的世界,人们试图以虚拟的身份来摆脱现实的束缚在其中进行各种互动。但是随着认知的深入,人们清楚地认识到网络是现实社会的一部分,是现实社会的映射。一方面,网络关系与现实人际关系也越来越深度交融,比如网络实名制的推广、网络商贸、网络办公、远程教育等,虚拟世界的互动与现实互动密切相连。另一方面,通过 VR/AR 技术构建的虚拟世界可逼真地还原现实世界,在增强用户体验感的同时重新构建了现实与虚拟之间的关系。

（五）个性化

网络传播的个性化体现在以下两个方面：一是网络用户可以根据自己的需求通过各种检索工具在信息库中获得自己需要的信息，还可以自由选择接收信息的时间、地点和方式等，互联网内容提供商也会运用各种技术为用户提供个性化服务。二是信息推送，即在大数据分析的基础上，提供定制化的服务。例如，在内容资讯类、视频类等 App 中主动推送用户关注的内容或热点资讯，提升用户活跃，提高 App 使用率；在日常营销推广、促销活动等场景中（如会员促销、游戏活动、产品特卖等），App 可对目标用户进行定向通知栏消息＋应用内容消息推送，吸引用户参与活动，提升传播效率。

（六）可视化

数据可视化是网络传播的显著特征。图像、视频比文字的传播性更强，文字是后天习得的，但是眼睛先天就能看到视频。网络可以把复杂的社会现象通过数据可视化手段展示给用户，剖析其背后的真正原因，把复杂的事件、社会现象通过简单化的方式告诉用户。

二、网络传播的社会功能

这是一个变化的时代，当下中国的青年对网络的社会功能需求巨大，在网上发出中国声音，增强青年的文化自信，增强中国对世界的影响力，提升网络传播质量，是未来网络传播需要长期思考的问题。网络传播的社会功能主要体现为以下几个方面。

（一）舆论功能

具有开放、多元和交互特征的互联网，客观上为普通民众提供了相对平等的言论空间、表达空间和话语空间，提供了相对平等和开放的交流平台，成为民主化进程的重要力量。近年来，涉及社会敏感问题的一些重大事件和社会问题，经过网络上的激烈争论，触动了社会的敏感神经，推动了全社会的民主化和法治化进程,引起了广泛的社会关注,增强了普通民众的知情权和话语权。但是与此同时,人们也看到了存在的问题,比如,数字鸿沟影响下,并不是所有人有平等的上网机会,网络法治化的保障也还不够健全,对网络舆论的监督还不够到位,用户自身的素质有待进一步提高,网络舆论非理性、个别群体极化倾向等问题需要进一步关注。

（二）娱乐功能

网络衍生出各种各样的娱乐方式,人们以社交网络平台基础建立人际关系,通过文字、图片、语音、视频通话等方式跨越时间和空间进行广泛交流。具体可以分为以下几类:一是网络交往,其又可分为以个人和群组进行交流为主的网络交往方式,如 QQ 和微信;以发布信息为主的网络交往方式,如微博、Twitter 等;以用户兴趣、爱好为主的网络交往方式,如贴吧、豆瓣等。这些网络交往的共同点是都建立在人际关系的基础上,且是网络虚拟空间和现实相结合的产物。二是网络游戏,用户可以在网络游戏中体验到无法比拟的成就感,具有即时互动性、沉浸式体验、刺激性等特点,十分受青年人的喜爱。三是网络热搜、网红等,网络用户可以通过网络发声,在网络上形成舆论热点,这些热点、热搜一定程度上表达了网民的意愿,体现了新时代下网民话语权的苏醒。

（三）商业功能

网络传播对人们的日常生产生活也产生重要影响,从最开始的上网看到的广告、电子邮件收到的产品推送、BBS 营销等,发展到网络公关、网络广告、搜索引擎营销等。互联网这个传播载体还孵化出了很多新的商业模式如 B2B、B2C、C2C 等。对生产生活影响最大的莫过于网络第三方支付,用户通过网络交易平台快捷购物、支付的同时使得各类网络电商的成交量不断攀升,网络消费已成为当下的重要经济增长点。同时,数字服务也渗透进我们生活的方方面面,网络传播成本相对较低,让更多的人享受到了音乐、影视、书报杂志等,推动了社会的进步。

（四）教育功能

网络传播的教育功能主要体现在基于多媒体网络技术的非面授教育方式。网络传播的教育功能具有碎片化、自发性和个性化的特点，用户可以通过网上的视频、音频等学习各种知识。网络教育内容丰富、范围广，不受年龄、地域等方面的限制，但是相对于学校教育来讲缺少有效的监督，目前只是一种教育手段。但不可否认，网络教育围绕学生的需求进行了教育方式的创新，带来了不一样的教育体验，而且重塑了教师角色，降低了教育门槛，很多大学机构纷纷开设网络课程，为社会提供了丰富的教育资源。

三、网络传播的管理特点

2018 年 8 月，习近平总书记在全国宣传思想工作会议上的讲话中指出，必须科学认识网络传播规律，提高用网治网水平。我们应该准确把握网上舆情生成演化的机理，不断推进工作理念、方法手段、载体渠道、制度机制创新，加强网络传播管理。

（一）要提高政治站位，提升网络传播的专业意识

要培养一批理想信念坚定、秉持正确立场、理解创新理念精髓、掌握网络传播知识的专业人才队伍，增强改进网络传播的技能，把党的创新理论转化成网络用户喜爱的通俗化、形象化的网言网语，把党的创新理论转化成适于网络传播的相关视听素材，带出一批正能量"主播"和"网红"。

要加强研究和分析网络用户的学历层次、思维方式、用网特点以及接受新知的心理偏好，做到有的放矢。要坚持辩证唯物主义，注重打造多元化、差异化理论宣传融媒产品，尤其要重视对 30 岁以下网络活跃人群的理论引导，深入做好网民内部的分众化理论宣传，让党的创新理论真正飞入寻常百姓家。

（二）提升受众法律意识，增强改进网络传播实效

网络不是法外之地，任何人都要对自己的言行负责。对编造、传播网

络谣言构成违法犯罪的,公安机关将依法严肃查处。近年来,国家制定了一系列涉及网络传播的法律文件,如《中华人民共和国网络安全法》《互联网信息服务管理办法》《互联网新闻信息服务管理规定》等。同时,《中华人民共和国治安管理处罚法》第二十五条规定:散布谣言,谎报险情、疫情、警情或者以其他方法故意扰乱公共秩序的,处五日以上十日以下拘留,可以并处五百元以下罚款;情节较轻的,处五日以下拘留或者五百元以下罚款。《中华人民共和国刑法》第二百九十一条之一中规定:编造虚假的险情、疫情、灾情、警情,在信息网络或者其他媒体上传播,或者明知是上述虚假信息,故意在信息网络或者其他媒体上传播,严重扰乱社会秩序的,处三年以下有期徒刑、拘役或者管制;造成严重后果的,处三年以上七年以下有期徒刑。

作为网络用户,要提高对互联网信息的甄别能力,以官方发布的权威信息为准,未经证实的消息不得上传、转发、扩散和传播,不造谣、不信谣、不传谣,在网络沟通中,文明互动、理性表达。要传播正能量,网站、新媒体平台以及广大网民要积极发布转发正能量信息,自觉做守法公民,共同维护健康有序的网络环境和社会秩序。

(三)加强网络传播管理,营造良好生态环境

在我国,1997 年成立中国互联网信息中心;2011 年成立国家互联网信息办公室,成为互联网的主管部门;2014 年中央网络安全和信息化领导小组成立,并于 2018 年改组为中央网络安全和信息化委员会,通过专项整治、年检制度、实名与备案制度、第三方监督、网络警察等方式,形成一个部门统揽,其他部门协调配合,行政效率提高的良好局面。习近平总书记在《关于〈中共中央关于全面深化改革若干重大问题的决定〉的说明》中,首次把"网络和信息安全"上升到国家高度,指出其"牵涉到国家安全和社会稳定,是我们面临的新的综合性挑战",并指出"面对传播快、影响大、覆盖广、社会动员能力强的微客、微信等社交网络和即时通信工具用户的快速增长,如何加强网络法治建设和舆论引导,确保网络信息传播秩序和国家安全、社会稳定,已经成为摆在我们面前的现实突出问题"。

互联网已经延伸到了世界的每一个角落,推动社会结构的变迁,重构着人类时空的关系。网络传播为人们带来信息的开放、便捷和巨大利益的同时,也为各种侵权行为发生提供了土壤,产生了如散布有害信息、网络侵权、网络暴力等问题,这些问题的实质为违法犯罪、道德缺失和文化失控。"真正的问题在于什么样的管制,而非是否有管制"①,在对网络传播的管理方面,有的国家采用宽松的管理模式,有的国家主张依靠网络参与者自律,有的国家采取严格管控模式,但无论采取什么样的管理,其最终目的都是维护网络传播的良好生态环境。

为此,要做好新时代网络传播工作,就要提升网络传播的思想政治工作者的危机意识,关注大学生的思想状况和心理健康,做好关心关爱和教育引导工作,制定工作突发情况的处理工作预案,完善应急处置机制和流程。加强工作的培训和指导,遵守工作纪律,注意工作方式方法,如遇突发情况,通过有关渠道及时报送信息,增强改进网络传播的自觉性,营造良好的网络传播环境。

四、网络传播的未来趋势

在移动互联网时代"受众需求越来越多样,参与意识越来越强,思想观念越来越多元,新闻传播日益呈现人人传播、多向传播、海量传播的特征"的背景下,网络传播的发展呈现出以下发展趋势。

(一)媒介的交融化

网络传播媒介融合是指运用不同媒介技术实现功能趋同的现象。一是表现在随着新媒体技术的迅猛发展,传统传播方式遭受了巨大冲击,展现出传统的传媒产业与新媒体融合的趋势。借助先进的传输技术,网络传播的内容、形式、结构等更加方便用户获得所需信息,采用表现形式立体化的网络传播模式,收到了较强的立体化的传播效果。二是表现在资本和技术变革的双重催化下,网络传播将线上与线下消费相融合,比如线上的网络流量

---

① 桑斯坦.网络共和国:网络社会中的民主问题[M].黄维明,译.上海:上海人民出版社,2003:95.

能够有效转化为现实社会中的经济效益，"流量经济"现象正为传播媒介提供巨大商机。三是网络传播技术的发展一方面为信息传播提供了新的发展机遇，改变了人们的沟通交流方式，另一方面也改变了人们的生产生活方式。

未来，网络传播将与移动端的直播相结合、与用户深度参与网络信息的生产和直播相结合，从报纸到广播、电视，再到互联网，技术一直推动着信息产业的发展和变革，将给网络传播媒介交融化带来巨大驱动力。

（二）渠道的创新变革

网络传播渠道可以强化媒体与受众的连接，传播渠道越完善，发出的声音就越浑厚、越有穿透力，才能保证在互联网的"汪洋大海"中有回响。网络传播渠道通过机制联动倒逼体制融通的常态化创新，整合各种生产要素的系统化，使得人、财、物等资源向主阵地汇集，媒体的生产者和消费者之间的边界也变得越来越模糊以更好地满足用户多样化需求。

（三）数字鸿沟日益凸显

数字鸿沟是指信息时代在数字化技术掌握与运用领域存在差距，导致所带来的利益不均等的现象。造成数字鸿沟的原因是多种多样的，比如地域、教育水平、家庭背景、经济状况等，这种差距既存在于各地区和国家之间，也存在于一个国家的不同人群中，与互联网本身追求平等的精神相违背，它使个人机遇减少，加大了社会阶层的不平等。在信息化时代，任何国家和任何民族都不应被抛下，如果任由数字鸿沟发展的话，很可能会造成文化霸权。为此，要利用"数字机遇"尽量缩小数字鸿沟。

（四）网络文化多元发展

文化是指人类在社会实践过程中所获得的物质、精神的生产能力和创造的物质、精神财富的总和。网络文化是指一定时期内在网络环境中的思想、行为、习惯等文化现象。网络文化是现实社会的反映，具有独特的文化行为特征、文化产品特色、价值观念和思维方式。网络文化是全体用户参与的文化,具有多元性特征,依托于技术手段的多样性,每个用户都可以根据自己的需求选择自己的参与网络文化的方式。需求的多样性是网络文化发展的原动力,其使网络文化呈现出纷繁复杂的表现形式。在网络中,用户的行为有可能被放大,且越来越具有符号性的意义,进而产生"聚变效应"。网络社区所培育的网络群体文化促进了线上线下文化产品的传播,同时也造就了网络文化精神与网络文化认同。

（五）网络内容良莠不齐

网络中既有积极的内容也有消极的内容,对消极的内容我们必须随时保持警惕。网络传播对受众获取信息的习惯方式产生冲击,用户对传统媒体电视、广播的依赖程度下降,对网络上双向交流的传媒方式依赖程度上升。网络把个人和世界有机地联系在一起,密切了人们之间的交往,促进了不同地域文化的交流。但是在这个依赖网络连接而成的"地球村"中,人与人之间的交流往往被人与机器之间的交流所取代,现实中的人际交往日益淡漠。网络传播的开放性很高,海量信息中的内容庞杂,特别是一些网络上的不良信息,将对价值观尚在形成过程中的青少年造成潜在的威胁,也让一些不法分子有了可乘之机,严重威胁着青少年的身心健康。此外,一些网络上的不良传播还导致了公信力的下降。当前网络传播信息的门槛降低,一些自媒体为了单纯追求流量效应,常常报道一些缺乏事实依据或尚未证实的"独家新闻",久而久之让网络用户感到网络信息的整体可信度下降,进而导致网络公信力受损。

（六）网络舆情频繁发生

网络舆情是指在网络平台中体现出的社情民意,是网络用户对社会热点的不同看法,网络舆情代表了某些社会群体和社会阶层的意愿,是了解社情民意的一个窗口。虽然网络舆情的形成与发展比较复杂,但是也呈现出一些规律:通常先是由点到面辐射到整个网络的舆情,经过讨论扩散,最终实现意见的整合。网络舆情呈现出鲜明的特点,它并不是在网络封闭空间中形成的,而是会与其他传播方式相互影响。网络舆情有积极的方面也有消极的方面,其本质是对整个社会运行中各类热点的反映。我们一方面需要学会应对突发的舆情,了解舆情中表现出来的意见信息和情绪信息,另一方面也要解决现实中存在的问题。网络舆论中也会有一些非理性的行为,网络舆情突发事件如果处理不当,极有可能诱发群体的不良情绪,引发群体性的违规和过激行为,进而对社会稳定造成威胁。

第二章

大学生网络素养的内涵及理论基础

第一节　大学生网络素养的基本内涵

近年来,随着互联网技术的快速更迭,技术创新已经重塑了人们的生活和学习方式,改变着人们的信息传播方式、交往方式和思维方式。技术的发展扩展了青年大学生获取知识和信息的途径,丰富了教育方式,促进了学习成效的提升。但也使得大学生在网络构成的"茧房"中越来越难以辨识信息、认识自我。因此,中共中央、国务院在《关于进一步加强和改进大学生思想政治教育的意见》中强调,要主动占领网络思想政治教育这一新阵地,牢牢把握网络思想政治教育的主动权。大学生不仅是活跃的网民群体和网络文明建设的主力军,也是网络成瘾等相关心理疾病的高发人群,应引起政府和社会,尤其是高校的重点关注。但是大学生网络素养的提升需要建立在科学认识网络素养内涵与构成的基础上,而当前网络素养概念仍处于学术争鸣与研究阶段。鉴于此,本节拟厘清相关概念,探寻理论基础,从不同维度作出概念阐释和理论阐释。

一、大学生网络素养的概念

互联网的发展和普及正迅速改变着人们的信息传播方式、交往方式和思维方式,而网络思想政治教育正是伴随着互联网的出现和普及而产生并发展的,大学生网络素养教育是网络思想政治教育中的必然环节和必要基础。在互联网高速发展的今天,高校思想政治教育工作者对于互联网给大学生思想政治教育带来的巨大机遇和挑战的认识与准备仍需因时而变、因势而动。因此,将大学生网络素养教育置于网络思想政治教育的视域中进行研究,就要首先了解什么是网络素养、大学生网络素养的独特内容又有哪些。大学生网络素养提升相关研究是在新媒体技术快速更迭的时代背景下,对特定媒介、特定事件和特定人群的定性研究。因而,对相关概念的界定既需要厘清概念本身,还需要明晰概念所蕴含的特定背景,形成贯穿研究始终的话语体系。

（一）网络素养

网络素养是核心概念,对网络素养内涵的科学解析是逻辑起点。对于网络素养含义的解析,应以"庖丁解牛"式的方法来加以辨析。"素养"一词从《现代汉语规范词典》的解释来看,是指"平素的修养"[①],是一种有学识、教养、文化以及能与人交往的能力,而其所蕴涵的这些能力皆由后天习得,是通过后天的教育实践而获得的技巧与能力。

网络素养的概念缘起于信息素养,最早由美国学者麦克卢尔(Charles R. McClure)于1994年提出,他认为网络素养是"对信息进行加工、利用以协助个体解决问题的能力",将网络素养视为信息素养的一部分,强调只有具备知识和技能才能更好地利用互联网中源源不断的信息和资源高效开展个人生活实践与工作(图2-1)。此后,诸多学者展开了对网络素养的研究,提出了相关概念,但其内涵和阐释尚未统一。信息素养强调的是利用信息工具与资源解决问题的知识与技能,部分学者认为网络素养是网络环境下的数字素养,聚焦于数字媒体与技术的应用能力,而有些学者认为网络素养是一种媒介素养,更加关注人们对各种媒介信息的解读和批判以及利用媒介信息的能力。还有学者则从媒介素养、数字素养、信息素养三个概念的演进与辨析来阐释网络素养,认为网络素养是基于媒介素养、数字素养、信息素养等,再叠加社会性、交互性、开放性等网络特质,最终构成的一个相对独立的概念范畴。

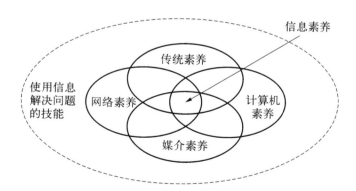

图 2-1　麦克卢尔(1994)提出的网络素养与其他素养的关系

① 李行健等.现代汉语规范词典(第三版)[M].北京:外语教学与研究出版社,2014:1255.

从技术层面来讲,网络是利用通信设备和线路将全世界功能相对独立的计算机系统连接起来,以功能完善的网络软件实现网络资源共享的信息交换的数据通信网。在此研究语境下,对于网络应从其社会性角度加以辨析,网络创造了不同于现实世界中人与人、面对面的交往,它以计算机技术、信息技术和通信技术为基础,实现了便捷通信和资源共享为目的的虚拟世界,开辟了人们活动与发展的领域、拓宽了人们生存与发展的方式、拓展了人与社会关系的实践领域,是对人的本质力量的对象化和发展。互联网建构的虚拟社会环境拓展了传统社会的社会结构类型,产生了开放性、扁平化的社会结构。人们通过虚拟社会建立起普遍性交往,不断突破现实社会中的物质和人际关系的各种局限,为人的全面发展拓展了信息空间。

从信息社会向网络社会的转变过程对个体在网络社会的适应力提出了新的要求,不同的素养在不同时代、不同环境下相互之间既有内在联系也有差异区别,它在互联网环境下产生,协调的是人与网络环境的关系,是网络时代个体所需的生存与发展技能。

依据对"素养"和"网络"的定义逻辑和内涵解析,网络素养应是互联网参与者在后天的教育、训练、培养下所具有的科学、高效使用网络的能力以及在网络虚拟空间中参与社会交往所具有的综合能力,即"对网络媒介的认知、对网络信息的批判反应、对网络接触行为的自我管理、利用网络发展自我的意识,以及网络安全意识和网络道德素养等各个方面"①。

（二）大学生网络素养

青年是国家的希望、民族的未来,青年群体作为最富有创造性的群体,在各个时代发挥着独有的作用。而大学生作为青年群体当中最具有活力、具备极强学习能力、善于接受新生事物的特殊群体,应当在网络社会中具备相应水平的网络素养。大学生网络素养从本质上来说体现的是大学生对于网络社会与自身发展之间的把握程度,这既包括大学生在了解网络价值基

---

① 贝静红.大学生网络素养实证研究［J］.中国青年研究,2006(2)：17-21.

础上熟练获取网络信息并能够理解、加工、应用的能力,更反映出大学生在网络社会环境中所应具备的成熟的心理、较高的道德水平和自我保护的意识。通过对以上大学生网络素养概念的分析,可以从青年大学生对网络的认知、态度和行为三重维度来整体分析大学生网络素养。

首先,"认知是一个生成过程,是个体在发展和成熟的过程中,通过身体活动参与到世界中去,在与世界交互作用的过程中耦合而成。认知既不是对一个先在客观世界的再发现,也不是先验思维范畴投射的结果"[①]。任何信息的传播,首先触及的是受众的认知层面,受众对信息的接受方式与接受程度影响着受众因信息而产生的情感和后续行动,正如大学生对网络的"认知",影响着大学生对其自身的网络素养的理解与定义。

其次,情感态度是认知活动深入心理的表现,是人根据既有的知识经验、情感体验和行为习惯对当下认知的感性判断。情感以潜意识的方式影响着人的认知、判断和行动,而互联网中,人们也常用感染力来撼动他人的内心情感。对大学生而言,对网络的情感态度,影响着其对网络道德责任感的界定与对网络空间治理的贡献。

最后,在经过对网络平台与网络参与方式的筛选后,大学生开始对接收到的信息作出解释和反应,即大学生参与网络活动的能力,这一参与网络活动的能力既包括对网络信息进行认知、识别、传播的能力,又包括网络伦理道德意识、网络法治安全意识、网络心理素养等综合素养。

(三)大学生网络素养教育

大学生网络素养教育,顾名思义就是以提升大学生网民的网络素养为目的的一种教育实践活动。在面对纷繁复杂的国内外网络环境时,大学生网民必须具有熟练运用网络技术知识,能够理性对待网络信息,并能运用网络信息解决实际问题的能力,同时应熟知网络道德规范、熟悉相关法律法规,在上网时具备自我约束、自我管理、自我保护的基础素养,以达成在虚拟互联网世界中相同于现实社会的责任观与道德观。

---

① 叶浩生.认知与身体:理论心理学的视角[J].心理学报,2013(4):481-488.

习近平总书记在北京大学向师生们强调："青年的价值取向决定了未来整个社会的价值取向。"①青年大学生作为对社会变化最敏感且最易受影响的群体，其成长过程是一个不断受到社会思潮冲击与洗礼的过程。成长于新时代的青年大学生与互联网同步发展，在互联网的加持下，青年大学生对于新鲜事物的接受力较强，拥有较为独立的个性，追求新鲜感，乐于表达自我情感与思想。随着我国综合国力的不断提升和世界形势的不断变化，新时代大学生所接受的教育内容、教育模式以及教育方式也在发生着变化。网络时代的大学生价值观的形成既是社会化的过程，又是在网络社会实践中不断满足其自身发展需要的过程。大学生在使用互联网的过程中，一方面能够熟练使用网络资源来进行自我提升，不断提高自身知识储备，促进自身综合素养的提升；另一方面，网络自身所拥有的开放性、交互性、隐蔽性等特点，再加上青年大学生生理成熟但心理尚未成熟，社会经验不足、自制力较差，其在政治、经济、文化、心理等意义上都具有成长性和发展性，容易受到各种社会文化和思想的影响，在网络世界多元意识形态的碰撞与交流中容易出现网络成瘾、网络道德失范等现象。

因此，网络素养已成为当代大学生综合素养的重要组成部分，大学生网络素养教育是网络思想政治教育的重点研究对象和重要研究内容。大学生网络素养教育要以网络媒介知识普及教育为手段，引导大学生积极参与有利于自身发展和社会进步的互联网活动，逐步提升大学生网络信息辨识能力和网络工具综合运用能力。对于新时代青年大学生而言，只有具备较高的网络素养，才能保证不会在纷繁复杂的网络世界中迷失方向、失去自我。

二、大学生网络素养的特点

习近平总书记强调："青年的价值取向决定了未来整个社会的价值取向。"在面对复杂多变的网络环境新形势，整个社会在培养和引导青年上都担负着重要责任。在如今的互联网时代，党和政府高度重视青年的网络素养能力，新时代青年大学生作为网络参与的主体，身处复杂多变的国内外网

---

① 习近平.习近平在北京大学考察时强调：青年要自觉践行社会主义核心价值观与祖国和人民同行努力创造精彩人生[DB/OL].[2014－05－04].习近平系列重要讲话数据库，http://jhsjk.people.cn/.

络环境中,难免会受到良莠不齐的网络文化的影响,而青年大学生社会阅历尚浅、价值观念尚未成熟,处在价值观形成和确立的时期,在面对纷繁复杂的网络社会时难免会出现波动,在良莠不齐的网络信息中可能会迷失方向。因此,在新时代背景下,加强对大学生网络素养的培育和提升,既是引导大学生更好适应网络社会的客观需要,也是贯彻落实立德树人根本任务的客观要求。

(一)青年大学生肩负国家希望但又易受环境影响

青年一般是指生理年龄处于青春期阶段的群体,全世界各个国家和国际组织对于青年的年龄划分并无统一定论。但与相对简单的生理年龄的划分相比,青年更是一种社会意义上的分类,青年的含义随着社会政治、经济、文化的变迁而不断地发生着变化。马克思主义重视青年的社会作用,研究青年的成长规律,从社会力量对比的角度认识和对待青年,具有鲜明的时代性、阶级性和革命性,马克思主义青年观是马克思主义及其政党看待、处理青年问题,开展青年工作的立场、观点和原则。

1. 青年肩负国家希望和民族未来

青年作为一个社会概念,代表的是一个特殊的社会角色类别,"是处在特定的历史、社会和文化背景中的人们对处于青年期这一阶段的社会族类的一种特定的认识,是一个被特定时代赋予一定期待的群体"[①]。在我国近代历史的发展进程中,每一个历史阶段都对青年群体有着特别的期待和要求,青年群体作为最富有创造性的群体,在各个时代发挥着独有的作用。2017 年 5 月 3 日,习近平总书记在中国政法大学考察时提出:"中国的未来属于青年,中华民族的未来也属于青年。青年一代的理想信念、精神状态、综合素质,是一个国家发展活力的重要体现,也是一个国家核心竞争力的重要因素。"全球政治经济形势的动荡以及中国国际地位的不断提升,大大强化了新时代青年的历史责任感,提升了青年的自尊心和民族自信心。

---

① 马昂,周菲.新中国成立以来青年"偏离"现象初探[J].当代青年研究,2011(1):33-37.

2. 青年大学生思想行为易受环境影响

改革开放以来,我国从计划经济向市场经济转变,国家在工业化、城市化、信息化、现代化发展的过程中,时刻面临着现代风险社会的挑战。而青年作为对社会变化最敏感且最易受影响的群体,其成长过程是一个不断受到社会思潮冲击与洗礼的过程。从其社会性来讲,青年是社会变革的主要力量,代表着国家的未来与希望,应主动适应风险社会来临,学会正视和应对困难、解决问题、战胜困难、获得发展。但由于其自身发展的不成熟性,容易受到各种社会文化和思想的影响,成为各种社会力量竞相争夺的对象。正如大多数社会学家所认为的那样:青年是对文化震荡最敏感且受影响最普遍、最深刻的社会群体。随着改革开放的不断深化和全球化程度的不断加深,多元、开放、包容的文化氛围赋予了青年更充裕的成长空间,塑造了青年多元化的个性特征和行为方式。他们思想活跃、乐于关注并接受新鲜事物。但是,青年的思想尚未成熟,价值观尚未定型,裹挟在多元文化浪潮中的拜金主义、享乐主义、极端个人主义、历史虚无主义等错误思想,对青年的思维方式和价值观念产生了重大的影响,部分青年甚至被错误思想腐蚀,消磨了青年的理想信念。

(二) 网络空间成为引领青年思想的新阵地

习近平总书记指出:"当代青年是同新时代共同前进的一代。我们面临的新时代,既是近代以来中华民族发展的最好时代,也是实现中华民族伟大复兴的最关键时代。"①互联网高效、便捷、开放、共享、交互等特性,使得青年更愿意通过互联网获取信息、了解社会、开拓视野、表达观点,尤其是以微信为代表的集交流沟通、信息获取、游戏娱乐、生活服务为一体的社交新媒介成为青年长期聚集的平台,也必定成为引领青年思想的新阵地。

1. 网络拓宽青年交往方式

青年的社会交往方式是生活方式的重要组成部分,是影响青年成长发展的重要因素。而新时代中国青年是伴随着世界互联网发展而成长起来的

---

① 习近平.在中国政法大学考察时的讲话[DB/OL].[2018-05-03].习近平系列重要讲话数据库,http://jhsjk.people.cn/article/29974086.

一代,互联网技术的发展不断改变着青年的生活方式、交流方式和聚集方式,社会政治经济的快速发展为青年接受全面系统的教育提供了社会保障,整体提升了青年群体的文化水平,扩展了青年群体的视野。网络通过全方位、多层次的信息传输为青年提供了更便捷且范围更大的社会交往空间,使他们的社会性得到空前的延伸和发展,交往群体不再局限于亲属、同学和朋友。从博客到微博、从 QQ 到微信、从现金支付到移动互联网支付、从线下教育到线上教育、从 4G 到智能 5G 时代,互联网的发展为青年搭建了新的活动场域,他们基于相同兴趣爱好,通过社交媒介结成的圈子或团体,成为情感交流和信息交换的主要场域。互联网高效、便捷、开放、共享、交互的特性以及高效便捷、跨越时空局限的沟通方式,使得青年更愿意通过互联网获取信息、了解社会、开拓视野、表达观点或对社会热点问题进行网络围观和讨论。

2. 媒介环境影响青年思想

网络新媒体的迅速崛起,为人们的行为、思维乃至社会结构注入了新的内容和形式,引起整个社会生产生活方式的深刻变革,形成了一种虚拟的网络社会,它以自由性、开放性、虚拟性等特点深深吸引着青年。而如迈克尔·海姆所言,“当我们把网络空间称为虚拟空间时,我们的意思是说这不是一种十分真实的空间,而是某种与真实的硬件空间相对比而存在的东西,但其运作则好像是真实空间似的。”①虚拟网络空间对青年的影响如同真实社会环境对青年的影响一般,已经到了全方位和全天候影响的程度,特别是网络作为新兴传媒已经改变了青年认识世界的方式。

青年肩负着国家的未来和民族的希望,但是作为社会新生力量,青年尚属于成长成熟期,其心智尚未成熟、价值观尚未成型,缺乏足够的社会经验和政治经验,其思维方式、生活方式和行为方式易受社会环境因素的影响。媒体作为社会信息的传播者,会在潜移默化中影响着传播受众的思想,而身处于大众传媒高度发达的新媒体时代的青年,更是受到大众传媒全方位的影响和浸染,青年在接受媒体信息的过程中会无意识地根据媒体提供的参

① 迈克尔·海姆.从界面到网络空间:虚拟实在的形而上学[M].金吾伦,刘钢译.上海:上海科技教育出版社,2000:136.

与框架与社会逻辑来阐释社会现象、作出价值判断,从而影响青年的网络媒介表达与社会参与行为。

三、大学生网络素养的构成

大学生网络素养是大学生用户在了解网络知识的基础上,正确使用和有效利用网络,凭借网络信息理性地为个人发展服务的一种综合能力,同时在通过网络学习的过程中自觉严格遵守网络道德规范和有关法律,充分利用网络的正面作用,规避网络的负面影响。其内容主要包括网络知识素养、网络道德素养、网络安全素养、网络心理素养、网络法治素养五个方面。

（一）大学生网络知识素养的内涵与重要性

大学生网络知识素养是大学生网络素养的认知部分,作为大学生正确使用网络的前提和基础,是指大学生掌握网络知识、网络操作技能以及利用网络来获取和创造信息的能力。具体而言有三个层面的要求:一是掌握全面的网络知识,即具备网络应用知识、网络社会规范、网络道德知识等,充分了解网络对信息和知识传播、获取的重要性,理性对待网络各类信息知识;二是掌握基本的网络操作技能,熟悉基础的办公软件和应用程序;三是能通过网络和信息检索搜寻学习所需的信息和资料,并在此基础上加入自己的思考,创新信息内容,更新信息体系。"对于新时代的大学生,信息化工具是他们获得信息的重要渠道。在新媒体环境下,大学生的知识学习、人际交往、情感交流等都与这些媒介密不可分。"①网络作为大学生重要的信息传递和交流工具,知识多元、载体多样,以其便利性和快捷性成为大学生日常学习工作的第一选择,让更多大学生在课余闲暇时间可以丰富自己的专业知识,还可以通过他人的分享汲取不同领域的先进知识。正如习近平总书记对学校思想政治教育教学中学理性作出的重要指示:"以透彻的学理分析回应学生,以彻底的思想理论说服学生,用真理的强大力量引导学生。"②高

① 陆中恺.网络公民的媒介素养教育[M].杭州:浙江工商大学出版社,2017:68-69.
② 习近平.用新时代中国特色社会主义思想铸魂育人 贯彻党的教育方针落实立德树人根本任务.[DB/OL].[2019-03-19].习近平系列重要讲话数据库,http://jhsjk.people.cn/article/30982234.

校在一定程度上要充分利用网络上的专业理论知识分析回应学生的难题，解答学生的困惑，引导学生向真理探寻。

（二）大学生网络道德素养的内涵与重要性

道德素养是社会意识形态之一，是人们行为的准则和规范，是个人为实现一定的理想人格而在意识和行为方面进行的道德上的自我锻炼。"互联网＋"时代的不断发展，形成了网络道德这一类新型伦理范畴，而大学生网络道德素养则是指大学生在网络社会中处理网络与人的关系或是网络中人与人的关系时应该坚守的行为准则和规范，尤其指借助网络舆论工具对大学生的网络行为进行监督、管控和指导。

近年来，互联网的迅猛发展催生出多个信息讨论和传播阵地，而网络的开放性虽然促进了国内外的信息、文化交流，帮助现代大学生开阔了视野、丰富了生活，但是网络的匿名性和虚拟性也传递了许多虚假信息和产生了舆论乱象。大学生一方面作为新时代中国特色社会主义的建设者和接班人，肩负着将我国建设成为富强、民主、文明、和谐的社会主义现代化国家和实现中华民族的伟大复兴的历史使命与责任；另一方面作为青年群体，大学生的心理发育不完全，世界观、人生观和价值观还未形成完整、成熟的体系，道德认知和判断标准也容易被负面的网络舆论信息等影响。对此，2019年1月25日习近平总书记在主持中央政治局第十二次集体学习时提出："没有规矩不成方圆。无论什么形式的媒体，无论网上还是网下，无论大屏还是小屏，都没有法外之地、舆论飞地。主管部门要履行好监管责任，依法加强新兴媒体管理，使我们的网络空间更加清朗。"以时代新风塑造和净化网络空间刻不容缓。在中共中央、国务院印发的《新时代公民道德建设实施纲要》中，花大篇幅着力强调要抓好网络空间道德建设，加强网络内容建设，培养互联网公民的自律网络行为，丰富网上道德实践，营造良好的网络道德环境，培养大学生网络道德素养。[①]

---

① 中共中央 国务院印发《新时代公民道德建设实施纲要》.[EB/OL].[2018－04－19].中华人民共和国中央人民政府网站,https://www.gov.cn/zhengce/2019-10/27/content_5445556.htm.

（三）大学生网络安全素养的内涵与重要性

随着网络技术的成熟，众多购物、交友和游戏 App 已然成为当代大学生们消费和人际交往的重要途径和载体。网络安全素养是指大学生在上网前能够熟练使用计算机防护安全软件的基本能力，以及在从事网络交易和人际交往时，能对个人信息和交易信息保持良好的警惕意识和防护意识的基本素质，主要包括网络技术安全和网络交往安全意识这两个方面。

网络安全是动态的、整体的，而不是割裂的、静态的。进入新时代以来，我国的网络安全形势日益严峻。在中央网络安全和信息化委员会第一次会议上的讲话中，习近平总书记指出"没有网络安全就没有国家安全"[①]，着重强调网络安全对国家的发展至关重要。随着我国网络事业的发展，"我们不断推进理论创新和实践创新，不仅走出一条中国特色治网之道，而且提出一系列新思想新观点新论断，形成了网络强国战略思想"[②]。信息技术变化之快，在此背景下，作为中国公民的一分子，作为未来社会发展的中坚力量，培养大学生网络安全素养刻不容缓，努力协同推进网络强国的战略部署和第二个百年奋斗目标，让大学生为推进网络安全保障建设贡献力量。与此同时，网络在方便大学生生活的同时也带来了许多安全隐患，个人隐私、财务信息、重要文件等都存在一定的网络安全隐患。因此，大学生在合理地使用网络中的有益资源的同时，也应当要有自我保护的意识，掌握基本的网络安全技能，在上网过程中保护自己的信息安全、隐私安全和财产安全，遵守网络安全准则，不做出违反法律和道德的行为，头脑中时刻紧绷"安全"这根弦，真正做到安全上网。

（四）大学生网络心理素养的内涵与重要性

心理素质是在遗传基础之上，在教育和环境影响下，经过主体心理训练所形成的性格品质与心理能力的综合体现[③]。网络心理素养是指在网络文

---

① 中共中央党史和文献研究室.习近平关于总体国家安全观论述摘编[M].北京：中央文献出版社，2018：166.
② 敏锐抓住信息化发展历史机遇 自主创新推进网络强国建设[N].人民日报，2018-04-22(1).
③ 心理素质训练含义.[EB/OL].[2013-02-02].全民健心网，http://jianxinwang.net/892/.

化和网络环境的影响熏陶下所形成的认知能力、情感、意志品质、性格等心理能力的综合体现。

"青年是整个社会力量中最积极、最有生气的力量,国家的希望在青年,民族的未来在青年。"①一方面,青年大学生是祖国的未来、民族的希望,高校在培养社会主义事业建设者和接班人时应该注重全面发展,而心理素质是人的全面发展的整体素质的中介和载体,能将人的素质各部分联系起来,把握着人的整体素质相对稳定的特质和发展趋势,这是大学生成长成才的基础和保证。为了贯彻落实《中共中央国务院关于深化教育改革全面推进素质教育的决定》精神,进一步加强对全国普通高等学校大学生心理健康教育工作的领导和指导,教育部发布了《教育部关于加强普通高等学校大学生心理健康教育工作的意见》,指出了高等学校大学生心理健康教育工作的指导思想、主要任务和主要内容,将大学生心理健康教育工作提高到一个新水平。另一方面,从思想的形成来看,心理是思想形成的基础,思想是心理发展的升华;从心理的发展来看,心理是思想稳定的基础,思想是心理发展调节的中枢,从心理、思想、行动三者的关系来看,思想是行动的指导,心理是思想转化为行动的桥梁。因此,重视大学生网络心理素养是当前大学生思想政治教育工作的重要任务和内容。中共中央、国务院在《关于进一步加强和改进大学生思想政治教育的意见》中,要求主动占领网络思想政治教育新阵地,积极开展网络思想政治教育活动,形成网上网下思想政治教育合力。同时,高校在开展网络思想政治教育工作时也要重视心理健康教育,制订大学生心理健康教育计划,确定相应的教育内容、教育方法,引导大学生健康成长。

（五）大学生网络法治素养的内涵与重要性

法治,《现代汉语辞海》释义为:依照法律治理国家②。《现代汉语词典》释义为:根据法律治理国家和社会③。而大学生网络法治素养是指大学生从小到大的网络学习经验积累和网络实践中形成的正确的网络法治知识、

---

① 习近平.在纪念"五四运动"100周年大会上的讲话[J].中华人民共和国国务院公报,2019(13):15-20.
② 现代汉语辞海[Z].北京:光明日报出版社,2002:292.
③ 现代汉语词典(第6版)[Z].北京:商务印书馆,2013:1241.

坚定的网络法治信仰、清晰的网络法治思维和积极的网络法治实践能力。其中包含了网络法治知识、网络法治信仰、网络法治思维和网络法治实践这四个要素,它们相辅相成,相互影响。大学生对网络法治知识的了解是网络法治素养的基础,只有系统地学习法治知识,才能培养清晰的网络法治思维,从而树立坚定的网络法治信仰,最后才能在实践中做到依法上网、依法用网。

网络法治素养与网络道德素养关系密切,不仅是大学生的基本政治素养,更是大学生网络素养的重要一环,能在一定程度上反映当下大学生的思想道德水平,与大学生的学习生活和国家的法治发展息息相关。近年来大学生参与信息犯罪、网络诈骗、网络暴力等违法事件偶有发生,从开始的网络道德失范逐渐演变至网络违法犯罪,大学生网络法治素养缺失是重要原因。2021年4月,中共中央办公厅、国务院办公厅印发《关于加强社会主义法治文化建设的意见》提出要"在法治实践中持续提升公民法治素养"①。同年6月,新修订的《中华人民共和国未成年人保护法》正式实施,未成年人的网络素养问题被提升到法律高度,由此可见,国家对网络法治素养的重视程度正持续提升。大学生网民作为网民群体的重要组成部分,未来将在各行各业中发展。因此,具备良好的网络法治素养,一方面有利于完善和优化大学生的法律知识结构和文化素质,促进大学生的个人发展,有助于大学生在网络上学会维护自己的合法权益;另一方面,良好的网络法治素养是健全中国法治建设的需要,是形成良好网络风气的需要,有利于维护社会秩序的稳定。

第二节　大学生网络素养的理论依据和知识借鉴

思想政治教育学的理论基础是马克思主义。思想政治教育学作为一门

---

① 中共中央办公厅 国务院办公厅印发《关于加强社会主义法治文化建设的意见》.[EB/OL].[2021-04-05].中华人民共和国中央人民政府网站,https://www.gov.cn/zhengce/2021-04/05/content_5597861.htm.

学科有自己特殊的研究对象,同时又有马克思主义尤其是中国化的马克思主义这一坚实的理论基础。网络思想政治教育作为互联网时代思想政治教育学的重要研究方向,是指思想政治教育工作者在把握网络与思政知识教育关系的本质属性的基础上,在网络化虚拟社会中有目的、有计划、有组织地对人们的思想政治素质和道德品质修养施加影响,旨在促进人的虚拟生存与发展,进而促进虚拟社会良性运行和协调发展的双向互动的教育实践活动。大学生网络素养作为以大学生为研究对象的网络思想政治教育的重要研究内容,要想探究大学生网络素养教育的理论基础,就必须从经典马克思主义理论中探析马克思关于人的全面发展理论,深入学习习近平总书记关于网络强国重要思想的创新理论,借鉴西方传播学理论建构分析框架,进而为实证分析奠定良好的理论话语基础。

一、经典马克思主义的理论奠基

马克思主义是一个十分完整而严密的理论体系,而思想政治教育学是以马克思主义为指导的学科,必须坚持马克思主义理论的整体性和系统性。大学生网络素养是网络思想政治教育的重要内容,马克思主义人学理论则是思想政治教育学的重要理论基础和直接理论依据。而当前我国实施的素质教育也进一步彰显了马克思关于人的全面发展理论对促进人的全面发展和社会进步的重要理论指导意义。

（一）马克思关于人的全面发展理论

马克思主义人学理论包括人的存在论、人的本质论、人的发展论等基本内容。人的存在论是马克思主义人学理论的前提和基础,人的本质论是马克思主义人学理论的核心,人的发展论是马克思主义人学理论的归宿,人的全面发展论是串联马克思主义理论关于人的学说的核心主线,科学认识和把握马克思关于人的全面发展理论,有助于我们更好地把握思想政治教育学的理论基础,更好地诠释大学生网络素养的理论必要性。

人的发展论是马克思主义人学理论的归宿。马克思认为人的自由全面发展是人类社会发展的最终目标。马克思将人的本质归纳为一切社会关系的总和,而人的主要社会关系分为生产关系、经济关系和阶级关系。在马克思看来,人类解放、人的全面发展的历史过程,是在人类社会发展规律作用下的必然过程,这个过程经历不同的社会形态逐渐发展,最终才能达到理想境界。马克思对人的发展三个历史阶段的划分,说明人的全面发展是一个不断推进、逐渐提高和永无止境的历史过程,人的全面发展作为一个随着社会关系的不断丰富和发展的过程,始终由片面向全面、由不充分向充分发展,实现个人全面发展与社会全面进步和谐一致的理想目标。随着生产力、分工、交换的不断深入,人们普遍在社会各领域、各阶层进行社会交往,以摆脱时空、种族、民族等限制,不断丰富社会文明成果以促进人的全面发展。在互联网时代,大学生在网络社会交往中,需要锻炼自身使用互联网的能力,利用网络信息手段,吸收接纳各类知识,不断地充实和完善自身能力和素质。

在中国特色社会主义事业的发展过程中,中国共产党继承和发展了马克思人的全面发展思想,并赋予这一思想以中国特色和时代特色。毛泽东提出"应该使受教育者在德育、智育、体育几方面都得到发展,成为有社会主义觉悟的有文化的劳动者"①。邓小平提出要培养"有理想、有道德、有文化、有纪律"的社会主义"四有"新人。江泽民强调,建设有中国特色社会主义的各项事业和我们进行的一切工作,"既要着眼于人民现实的物质文化生活需要,同时又要着眼于促进人民素质的提高,努力促进人的全面发展。这是马克思主义关于建设社会主义新社会的本质要求"②。胡锦涛提出科学发展观,强调坚持"以人为本""要求始终把实现好、维护好、发展好最广大人民的根本利益作为党和国家一切工作的出发点和落脚点,尊重人民主体地位,发挥人民首创精神,保障人民各项权益,走共同富裕道路,促进人的全面发展,做到发展为了人民、发展依靠人民、发展成果由人民共享"③。习近平总书记在《新发展阶段贯彻新发展理念必然要求构建新发展格局》中强调:"我国现代化坚持社会主义核心价值观,加强理想信念教育,弘扬中华优秀

①　毛泽东.毛泽东选集(第7卷)[M].北京:人民出版社,1999:226.
②　江泽民.江泽民文选(第3卷)[M].北京:人民出版社,2006:294.
③　十七大以来重要文献选编(上)[M].北京:中央文献出版社,2009:12.

传统文化,增强人民精神力量,促进物的全面丰富和人的全面发展。"这些论述都是对马克思人的全面发展思想的继承和发展,为思想政治教育确立正确的目的、任务、内容指明了方向。

在新的历史条件下,网络素养教育是指导网络时代人的全面发展的重要一环,是马克思人的全面发展理论在新时代背景下的具有现代意义的扩展。马克思人的全面发展理论在网络素养教育中的意义包含了高校培养全面发展的卓越创新人才的立德树人根本任务,也包含了大学生自身素质的全面发展的需要。思想政治教育及其学科建设要自觉坚持以马克思主义人学理论为指导,树立"以人为本"的思想政治教育观,努力培养全面发展的社会主义新人。

(二)列宁的灌输论

灌输理论是指无产阶级政党坚持把科学社会主义思想灌注和输送到无产阶级和人民群众中去,提高其政治意识和思想觉悟的学说。列宁曾在《怎么办?》一书中系统论述了灌输理论,他指出:"工人本来也不可能有社会民主主义的意识。这种意识只能从外面灌输进去,各国的历史都证明:工人阶级单靠自己本身的力量,只能形成工联主义的意识。"[1]列宁认为由于工人和群众难以自发地形成政治自觉,社会主义意识无法在工人运动的进程中自发产生,这既是由私有制条件下的社会分工和工人阶级的生活境况所决定的,也是由于马克思主义过于理论和系统,工人群众无法理解晦涩的理论,因而无法在工人群众中进行广泛的传播。在资本主义社会中,工人阶级由于经济地位、生活条件、文化条件等限制,难以从事系统的精神生产并创建思想体系,无产阶级政党必须坚持从经济斗争范围之外给工人群众灌输阶级意识。但列宁强调这种意识形态的灌输应把晦涩学理的文本原理讲清楚、讲明白,要将理论讲鲜活,使本阶级成员接受科学社会主义思想,自觉地为实现无产阶级的伟大历史使命而奋斗。

当今,国际国内条件发生了巨大变化,但社会主义意识灌输理论并没有

---

① 列宁.列宁选集(第1卷)[M].北京:人民出版社,1995:317.

过时,列宁的灌输论不仅是进行思想政治教育的重要方式,更是提高大学生网络素养的重要手段。通俗来讲,如今灌输的条件比过去好多了,相应地,对灌输的要求也更高了,理解和运用列宁的灌输理论也更加具有历史和现实价值。在提升大学生网络素养的过程中,我们要坚决反对自发论,坚决摈弃灌输论的"万能性"或"无用性"两种极端态度,应将列宁的灌输论与当前大学生网络素养的实际相结合,坚持灌输原则,改进灌输方法,注重知行合一的教育方式,注重对大学生在网络中的思考和实践的引导,弘扬主旋律,不断提升大学生思想觉悟水平和网络素养水平。

（三）思想政治教育环境论

所谓环境,是指周围所存在的条件,是人赖以生存和发展的各种因素的总和,针对不同的学科和对象而言,环境的内容也有所不同。从思想政治教育学的角度来说,思想政治教育环境是指对思想政治教育活动以及思想政治教育对象的思想品德形成和发展产生影响的一切外部因素的总和。思想政治教育环境与思想政治教育活动相互影响、相互作用,正如马克思在《关于费尔巴哈的提纲》中所说的,"环境的改变和人的活动或自我改变的一致,只能被看作是并合理地理解为革命的实践"。

在谈到大学生网络素养时,就必须谈到网络环境对思想政治教育的影响,即思想政治教育网络环境,这一环境信息量大,信息的性质、种类多,传递变化快,可以及时为思想政治教育提供丰富的信息,提供人际交往的特殊空间,更有利于培养开放视野和创新能力,但同时网络环境中良莠不齐的信息也容易影响青年大学生的判断,庞杂的网络信息易造成信息压力与选择困难。因此,在大学生网络素养培育中需要不断优化思想政治教育的网络环境即大众传播环境,加强对网络空间的建设与管理,使其成为弘扬主旋律的坚强阵地,加强对舆论的评析和监督,引导青年大学生理性看待社会热点问题,自觉维护网络安全,共同构筑健康、有序、文明的"绿色"网络环境。

二、网络强国重要思想理论创新

时代是思想之母,实践是理论之源。党的十八大以来,习近平总书记高度重视网络强国的建设,提出一系列重要指示精神,指导我国网络工作的发展。当今世界,一场新的全方位的综合国力竞争正在全球范围内展开,能否适应互联网发展、引领互联网发展,成为决定大国兴衰的关键因素之一。当今世界日益激烈的国际竞争使得意识形态阵地之争愈加激烈,互联网技术的发展改变了媒体的格局和传播方式,新兴网络媒体成为人们获取信息的主要渠道,国际与国内、线上与线下、虚拟与现实的界限日益模糊。在国内形势深刻变革、国际格局深刻调整、传播格局深刻变革的时代背景之下,互联网已成为舆论斗争的主战场,习近平关于网络强国的重要论述顺应新时代的发展特征,为党的新闻舆论工作注入了新的思想活力。

（一）习近平关于网络强国重要思想的核心要义

在中国革命、建设和改革的过程中舆论都扮演着重要的角色,反映着社会生活变化的趋势。习近平总书记在党的新闻舆论工作座谈会上强调:"党的新闻舆论工作是党的一项重要工作,是治国理政、定国安邦的大事。"[①]新闻舆论工作作为中国特色社会主义文化的重要组成部分,是治国理政的重要内容。习近平总书记用"五个事关"强调了新闻舆论工作的重要性,他指出:"做好党的新闻舆论工作,事关旗帜和道路,事关贯彻落实党的理论和路线方针政策,事关顺利推进党和国家各项事业,事关全党全国各族人民凝聚力和向心力,事关党和国家的前途命运。"[②]而意识形态工作是党的一项极端重要的工作,党的新闻舆论工作作为意识形态工作的重要组成部分,关系着国家的安全稳定和社会的健康发展。

2016 年,在党的新闻舆论工作座谈会上,习近平总书记用 48 个字全方位诠释了党的新闻舆论工作在新的时代条件下职责和使命,即"高举旗帜、引领导向,围绕中心、服务大局,团结人民、鼓舞士气,成风化人,凝心聚力,澄清谬误、明辨是非,联结中外、沟通世界"[③]。2018 年,在全国宣传思想工作会议上,习近平总书记提出在新形势下的宣传思想工作应自觉承担起举

---

①②③　习近平.习近平谈治国理政(第 2 卷)[M].北京:外文出版社,2017:332.

旗帜、聚民心、育新人、兴文化、展形象的使命任务。不论是新闻舆论工作还是新形势下新闻宣传工作,我们都必须将政治方向摆在第一位,围绕党和国家的工作重心,团结动员广大人民群众,坚持正确舆论导向,弘扬中国特色社会主义文化,讲好中国故事。

其一,以正面宣传为主论,把握网络空间正确舆论导向。习近平总书记强调"坚持团结稳定鼓劲、正面宣传为主"[①]的党的新闻舆论工作的指导方针和工作原则。以正面宣传为主论,必须以提高正面宣传的质量和水平为前提,通过紧扣时代发展的主题报道、深入群众生活实际的调查研究,以有温度和有思想的报道来凝聚人心。党的新闻舆论工作承担着宣传党的主张、反映群众呼声、营造良好社会舆论环境的重任。但在进行正面宣传的同时要统筹好舆论监督,直面工作中的问题和社会消极现象,主动回应社会关切、充分考虑理性发声,通过议程设置等引导社会舆论导向。

其二,以创新发展为要论,促进网络媒体融合发展。在国家创新驱动发展的总体战略之下,党的新闻舆论工作的创新发展是国家创新体系的重要组成部分,面对网络传播环境的深刻变化带来的巨大挑战,传播理念、内容、手段、体制机制的创新成为主流媒体扩大媒体影响力、增强舆论引导力的必由之路。在互联网催发的媒体领域的深刻变革中,蓬勃发展的新媒体成为信息传播的主渠道,新媒体逐步取代传统媒体成为使用率最高的媒介形态,面对这一现状习近平总书记指出要推动传统媒体和新媒体的融合发展,构建立体多样的现代传播体系,"通过流程优化、平台再造,实现各种媒介资源、生产要素有效整合,实现信息内容、技术应用、平台终端、管理手段共融互通"[②],充分发挥先进创新技术的支撑引领作用,推动内容与技术的深度契合。

其三,以提升国际传播能力为要论,增强网络空间国际话语权。习近平总书记在网络安全和信息化工作座谈会上指出:"大国网络安全博弈,不单

---

① 习近平.习近平谈治国理政[M].北京:外文出版社,2014:155.
② 习近平.加快推动媒体融合发展 构建全媒体传播格局[DB/OL].[2019-03-15].习近平系列重要讲话数据,http://jhsjk.people.cn/article/30978511.

是技术博弈,还是理念博弈、话语权博弈。"①话语权决定了主动权,谁掌握了国际话语权,谁就能在国际博弈中占据主动。增强网络国际话语权,首先要加强国际传播能力的建设,打造国际一流媒体,通过拓展平台、渠道和终端,丰富媒体内容形态来创新走出去的渠道和方式,优化国际传播战略布局。同时,要构建融通中外的话语体系,让更多的国际受众听得懂、听得进、听得明白,在重大国际事务中主动设置议题抢占舆论引导先机,积极发出中国声音,讲好中国故事。

(二)习近平关于网络强国重要思想的思政实践

在传播环境深刻变革之下,习近平总书记锐意创举,对党在网络空间中的舆论工作进行了重大调整和变革,党和政府主办的媒体积极顺应时代发展,不断创新传播理念、传播内容和传播手段,适时推进互联网时代下的媒体融合发展,不断延伸媒体的传播渠道,逐步扩大官方主流媒体在全媒体领域的传播力和影响力。新冠肺炎疫情作为我国进入新媒体时代以来遭遇的涉及全球民众的重大突发性公共卫生事件,是对党的新闻舆论工作的一次大考,以《人民日报》为代表的官方主流媒体适时运用媒体融合发展中的创新成果,通过全媒体矩阵,统筹网上网下、国际国内,多渠道、全方位快速投入疫情防控宣传阵地。

其一,正面宣传,引领网络舆论导向。在新冠肺炎疫情期间习近平总书记强调,面对疫情防控中群众存在的焦虑、恐惧心理,要加强宣传、加大舆论工作的力度,"统筹网上网下、国内国际、大事小事,更好强信心、暖人心、聚民心,更好维护社会大局稳定"②。以《人民日报》为代表的党的主流媒体在疫情防控期间迅速加大权威信息的发布力度,及时进行防疫科普、积极回应群众关切、不断化解群众焦虑、正确引导舆论导向。

其二,创新手段,扩大网络传播影响。党的新闻媒体在国家创新驱动发

---

① 习近平.在网络安全和信息化工作座谈会上的讲话[DB/OL].[2016-04-19].习近平系列重要讲话数据库,http://jhsjk.people.cn/article/28303260.
② 习近平.在中央政治局常委会会议研究应对新型冠状病毒肺炎疫情工作时的讲话[DB/OL].[2020-02-16].习近平系列重要讲话数据库,http://jhsjk.people.cn/article/31588855.

展的总体战略下的媒体融合发展中,逐步建立起了报、网、端、微为一体的全媒体矩阵。在面对重大突发事件时,官媒凭借其全媒体矩阵,进行网上网下全时段、全方位、全覆盖的宣传工作。官媒不仅利用多种渠道强化融合传播、主动发声、正面引导舆论,而且创新传播方式,在新媒体端用海报、可视化动图等形式加大了对相关事件的科普力度和解释效度,有效引导群众提高自我辨识能力,有针对性地开展了精神文明教育,营造了良好的网络舆论环境。

三、网络传播学理论的相关借鉴

传播是人类社会发展中一种无处不在的神奇现象,尤其在互联网及现代媒介普及的网络社会,我们每天进行的各种社会活动都可以用传播理论来解释。追踪、了解、分析大学生网络素养形成的过程能给我们改进和提升相关工作带来很多启示。

（一）拉斯韦尔 5W 模式

哈罗德・拉斯韦尔(Harold Lasswell)作为 20 世纪美国最有影响力的政治学家之一,其在 1948 年发表的《社会传播的结构与功能》中提出的 5W传播过程模式对传播学研究提供了良好的范式。一方面他从传播活动本身对其要素和结构进行了分析,探寻传播过程自身的规律;另一方面,他又将传播过程置于更广阔的社会系统中进行考察,探寻传播在整个社会政治、经济、文化等方面的深层作用。

如图 2－2 所示,拉斯韦尔 5W 模式是一个线性的传播模式,即谁(Who)→说什么(Says What)→通过什么渠道(In Which Channel)→对谁(To Whom)→取得了什么效果(With What Effect)。这一过程首次清晰地将传播过程表述为五个环节,而传播学研究的五个内容即控制分析、内容分析、媒介分析、受众分析和效果分析便是由拉斯韦尔 5W 模式发展而来的。

拉斯韦尔 5W 模式中,"谁(Who)"代表传播者,在传播过程中负责信息的收集、加工和传递,是信息传播的主体。"说什么(Says What)"代表传播

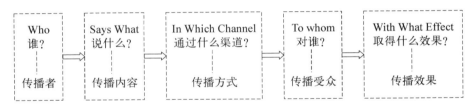

图 2-2　拉斯韦尔 5W 模式示意图

内容,是传播者在筛选加工后传播的具体内容。"通过什么渠道(In Which Channel)"代表传播渠道,传播者在选定传播内容后需要通过一定的媒介渠道,如报纸、广播、电视、互联网等渠道将信息传播出去。"对谁(To Whom)"代表传播受众,如读者、听众、观众、网民等都是不同传播渠道的受众,这些受众是传播的最终对象和目的地。"取得了什么效果(With What Effect)"代表传播效果,传播者面向受众选择和传递信息的目的是让受众在认知、态度和行为方面对其所传递的内容作出一定的反应。

很多传播学者认为,拉斯韦尔 5W 模式作为一种线性的传播模式,其传播过程呈现单向性和孤立性,忽略了传播过程中的其他因素。但是,拉斯韦尔作为 20 世纪美国最有影响的政治学者之一,他的独特贡献是他从宣传的角度思考政治问题。作为一个历史文本,在拉斯韦尔的《社会传播的结构与功能》中,意识形态实际上成了主题词。如果结合拉斯韦尔本人的思想底色、学术经历和时代背景加以分析,他所使用的"效果"一词是有其特定含义的,与意识形态有着难分难解的相互指涉关系。[①] 因此,拉斯韦尔的 5W 模式十分适用于分析政治宣传。

(二) 议程设置理论

议程设置理论(图 2-3)最早由麦克斯韦·E.麦克姆斯(Maxwell E. Mccombs)和唐纳德·肖(Donald L. Show)在 1972 年发表的论文《大众传播的议程设置功能》中提出,其核心概念是在特定的一系列问题或论题中,大众传媒对某一问题或某类问题报道得越多,便会强化该话题在公众心中的重要

---

① 　高海波.拉斯韦尔 5W 模式探源[J].国际新闻界,2008(10):37-40.

程度,公众就会愈加重视这一问题。换言之,大众传播越是突出某个命题或事件,公众越注意这个命题或事件。[①] 正如伯纳德·科恩(Bernard Cohen)所言,新闻界在多数时间里告诉人们该怎样想时可能并不成功,但它在告诉人们该思考什么时,却是令人惊奇地获得了成功。

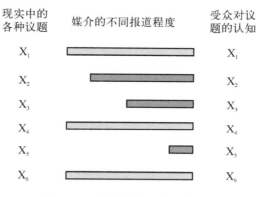

图 2-3　议程设置理论示意图

　　议程设置理论主要是从传播主体出发来探讨大众传播的效果和影响的理论。传播效果分为认知、态度和行为三个层面,这三个层面是一个完整的传播效果形成过程的不同阶段,而议程设置理论主要是从认知层面来分析传播的效果,即通过告诉人们想些什么的方式来引导公众将关注重点放到特定的问题上。议程设置理论同时暗示了传播媒介是从事"环境再构作业"的机构,传播媒介无法全景再现客观世界,其对外界的报道不是镜子式的"反射",而是经过有目的的取舍后的"折射"。议程设置理论的缺陷在于它只强调了传播媒介主导设置社会议题的一面,而忽视了媒介反映社会议题的一面。

（三）受众的选择性理论

　　受众选择和接触媒介的目的是获得其所需要的信息,传播主体在议程设置之下虽然对受众有着很大的影响,但受众在信息的选择与接收中依旧

① Maxwell E. McCombs and Donald L. Shaw. The Agenda-Setting Function of the Press[M]. Public Opinion Quarterly，1972：176-186.

发挥着较强的自主性。美国学者约瑟夫·克拉珀（Joseph T. Klapper）指出，受众的选择性因素主要由选择性注意、选择性理解和选择性记忆三个环节构成，而这三个环节相当于受众心理的三道防线。

选择性注意是受众心理的第一道防线。在未做信息筛选前，受众往往会被动地暴露在繁杂的媒介信息之中，而出于受众的自我认知及需求，受众往往只会选择注意与自己已有态度和兴趣高度相关的信息并选择自己常用的媒体，而自动屏蔽掉与自己观念相悖或与己无关的信息，这便是受众对信息的第一次选择。

选择性理解是受众心理的第二道防线。在经过信息筛选后，受众开始对信息作出解释和反应，但由于生活经历、教育程度、社会地位以及原有态度与观念的不同，受众往往会根据自己已有的经验对信息进行译码，形成与自己原有观念或态度相近的理解，这便是受众对信息的第二次选择。

选择性记忆是受众心理的第三道防线。在经过信息筛选及理解后，受众依据其观念、经验、个性、需求以及其他心理因素的影响而有选择性地记住部分内容，其他信息则会被逐渐遗忘。经过三层"过滤筛选"后，人们所记住的内容是与其原有认知与态度高度相仿的内容，如图 2-4 所示，传播者通过媒介所传递的信息，在经过层层过滤后才会被受众所注意、理解并接受。

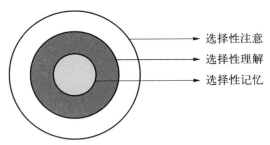

选择性注意

选择性理解

选择性记忆

图 2-4 受众接受信息心理的三道防线

（四）沉默的螺旋理论

传播效果的研究是传播学最为重要的研究内容，如传播学中经典的培养理论、知沟理论、沉默的螺旋理论、子弹理论等都是研究传播效果的理论。传播效果是指传播者的传播行为对受众或整个社会所造成的态度的改变或综合的影响。沉默的螺旋理论最初由德国学者伊丽莎白·诺尔-诺依曼（Noelle-Neumann）于1974年在《重归大众传播的强力观》一文中提出，后于1980年在其著作《沉默的螺旋：舆论——我们的社会皮肤》中进一步完善了该理论。沉默的螺旋理论旨在说明人们在发表言论时会注意到自己所处环境中的群体意见，如果看到自己赞同的观点广受欢迎，就会积极参与讨论，这类观点就会越发地扩散；如果发现某一观点少有人理会，即使自己赞同也会保持沉默。如此循环往复，便形成某一观点的声音越来越大，与之相对应的其他观点越来越沉默的螺旋发展过程。沉默的螺旋理论基于这样一个假设：大多数个体会尽量避免由于单独持有某些态度和观点而产生的孤立。

　　整体来看，网络传播学理论对于网络素养教育如何以网络的特点为基础进行工作的开展具有一定的指导意义，为掌握大学生群体的网络行为和状态提供了研究方法和研究方向，有助于观察、分析大学生网络素养的形成过程，对于完善大学生网络素养教育体系、开展网络素养教育工作具有建设性的工具指导意义。

（五）曼纽尔·卡斯特的网络社会理论

　　曼纽尔·卡斯特（Manuel Castells）是西方著名的社会学家，网络社会理论是其传播最为广泛的思想理论。卡斯特的网络社会理论受到马克思全球化思想、西方后工业社会理论等思想理论的影响，其主要观点集中体现于《网络社会的崛起》《认同的力量》等多部著作中。卡斯特认为由信息技术所引发的革命正逐渐使社会原本的物质基础发生改变，进而使生产关系也发生改变，并产生一种新的社会形态，这种新的社会形态被其称作网络社会。

　　在传统工业社会中，一切实践都依赖于实际、具体的场所，故社会活动也以地域性活动为主。但是在网络社会中信息传播具有即时流动性，传统的交往模式被打破，人们可以超越地域空间的限制而进行交流，信息、知识、资本也可以通过网络技术在全球范围内广泛流动。可以说，网络社会是因"流动"而构建起来的，它的出现使人们的思维、表达及交往的方式都发生了极大的转变。与此同时，卡斯特也意识到网络社会带来了危机与挑战，一方面全球化的网络社会凝聚了不同的文化共同体,赋予了社会成员信息权力,其结果是引发国家权力的合法性危机,另一方面网络社会改变了暴力的形式,其结果是引发网络暴力、网络犯罪问题。卡斯特的网络社会理论对网络社会出现的原因、网络社会的特点等问题进行了阐释。虽然他的这一理论也存在着局限性,但仍对研究大学生网络素养问题有一定的借鉴意义。如今信息技术的发展日新月异,个体之间的网络交往也日渐加深,网络空间的结构也愈加复杂,只有不断加强对网络社会的认识,才能有针对性地提高网民特别是青年大学生的网络素养水平。

第三章

提升大学生网络素养的
现实意义及时代要求

第一节　提升大学生网络素养对国家建设的重要意义

瞬息万变的网络环境和飞速发展的信息技术,给国家发展带来新挑战新机遇,对网络建设人才需求也日趋紧迫。高校作为青年聚集地,强化大学生网络素养教育,既有利于培养符合时代要求的高素质人才,也有利于满足当代大学生成长成才的需求。当代大学生的个人发展与国家发展、社会发展紧密相连,提升自身的网络素养已然成为一门必修课,具有重要现实意义。随着数字时代的到来,网络媒介和信息技术与政治、经济、文化、科技、教育、安全的关系更加紧密,国家的发展离不开与网络相关的全域建设,自然也离不开其创造者和使用者的生产与投入。大学生是祖国的未来、民族的希望,是助力数字中国建设的重要力量,提升大学生网络素养刻不容缓。

一、有利于在变局之中稳步前行

政治是政府、议会和组织对国家和公共生活所要达到的目标而采取的一系列措施。政治的发展变革与媒介形态的演变更迭有着密不可分的联系。麦克卢汉(McLuhan)提出"媒介即人的延伸",媒介在不同时期不同环境中,都成为满足人们自上而下进行政治建设和管理、传达政治信息,以及自下而上获取政治信息、反映需求的重要手段或工具。反过来,媒介也在书籍、报纸、杂志、广播电视、电影、互联网、手机等不同形态中,对政治制度、政治文化、政治行为产生影响。可以说,媒介与政治的关系就是互动与博弈的关系,政治需求推动媒介发展,媒介形态演变又反作用于政治文化与生活。在当今世界信息技术迅猛发展的背景下,网络媒介与政治建设的关系更加紧密,国家的发展离不开与网络有关的全领域建设,自然也离不开网络媒介与信息技术的创造者、使用者的贡献与参与。

（一）推动网络大国到网络强国建设

党的十八大以来,以习近平同志为核心的党中央重视互联网发展和互联网治理,统筹协调涉及政治、经济、文化、社会、军事等领域信息化和网络安全重大问题,作出一系列重大决策,提出一系列重大举措,形成了网络强国战略思想,网信事业取得历史性成就,我国正从网络大国阔步迈向网络强国。

网络大国并不等于网络强国,世界局势错综复杂,信息技术瞬息万变,我国网络强国建设也面临诸多挑战。习近平总书记指出:"当今世界,信息技术革命日新月异,对国际政治、经济、文化、社会、军事等领域发展产生了深刻影响。信息化和经济全球化相互促进,互联网已经融入社会生活方方面面,深刻改变了人们的生产和生活方式。我国正处在这个大潮之中,受到的影响越来越深。我国互联网和信息化工作取得了显著发展成就,网络走入千家万户,网民数量世界第一,我国已成为网络大国。同时也要看到,我们在自主创新方面还相对落后,区域和城乡差异比较明显,特别是人均带宽与国际先进水平差距较大,国内互联网发展瓶颈仍然较为突出。"①想要突破当前的发展瓶颈,关键还是在于"人才"。2016年4月19日,习近平在网络安全和信息化工作座谈会上的讲话中指出:"得人者兴,失人者崩。网络空间的竞争,归根结底是人才竞争。建设网络强国,没有一支优秀的人才队伍,没有人才创造力迸发、活力涌流,是难以成功的。念好了人才经,才能事半功倍。"高校作为青年群体的聚集地,肩负互联网领域的人才培养使命,需要不断提升大学生网络素养,为建设网络强国提供核心动力。

（二）提高国际竞争力和软实力

"软实力"一词来源于美国哈佛大学教授约瑟夫·S·奈(Joseph S. Ney, Jr)的文章《软实力》。他将"软实力"定义为三个要素:文化、政治价值观和外交政策。他指出,如果一个国家能使其力量在其他人眼中合法化,他们所遭遇有违其意愿的阻力就要小得多;若一个国家的文化和意识形态具

---

① 习近平.习近平谈治国理政(第一卷)[M],北京:外文出版社,2018:197.

有吸引力,别的国家就愿意追随。在"互联网+"时代,传播全球化显现极为凸显,若想增强国家软实力就需要通过国际传播引进来、走出去。如在 2022 年北京冬奥会上,我国依托形式多样的媒介平台,将中华上下五千年灿烂文明展现在世人眼前,让世界更直观更真实地了解中国的政治、经济、文化、科技,了解中华民族的传统美德与思想风貌,显著增强了中国国际影响力和文化软实力。

习近平总书记在全国网络安全和信息化工作会议上强调:"推进全球互联网治理体系变革是大势所趋、人心所向。国际网络空间治理应该坚持多边参与、多方参与,发挥政府、国际组织、互联网企业、技术社群、民间机构、公民个人等各种主体作用。既要推动联合国框架内的网络治理,也要更好发挥各类非国家行为体的积极作用。要以'一带一路'建设等为契机,加强同沿线国家特别是发展中国家在网络基础设施建设、数字经济、网络安全等方面的合作,建设 21 世纪数字丝绸之路。"[1]高校身处时代发展洪流中,必然要培养当代大学生掌握互联网的能力,以应对风起云涌的全球竞争。

习近平总书记在党的二十大报告中指出:"从现在起,中国共产党的中心任务就是团结带领全国各族人民全面建成社会主义现代化强国、实现第二个百年奋斗目标,以中国式现代化全面推进中华民族伟大复兴。"实现第二个百年奋斗目标,全面建设富强民主和谐美丽的社会主义现代化强国,需要"加快构建新发展格局,着力推动高质量发展""推进文化自信自强,铸就社会主义文化新辉煌""推进国家安全体系和能力现代化,坚决维护国家安全和社会稳定""实现建军一百年奋斗目标,开创国防和军队现代化新局面"[2],以上路径的实现都离不开网络建设的支撑和参与。网络强国、数字中国为现代化产业体系建设提供技术支撑和动力引擎。社会主义意识形态的强有力建设,需要不断健全网络综合治理体系。网络建设成为健全国家安全体系的重要安全保障。网络信息体系的建设运用,可以助力人民军队

① 习近平.敏锐抓住信息化发展历史机遇 自主创新推进网络强国建设[DB/OL].[2018-04-21].习近平系列重要讲话数据库,http://jhsjk.people.cn/article/29941337.
② 习近平.高举中国特色社会主义伟大旗帜 为全面建设社会主义现代化国家而 团结奋斗——在中国共产党第二十次全国代表大会上的报告[M].北京:人民出版社,2022.

的发展。高校学生正处于我国向第二个百年奋斗目标迈进的新征程中,网络素养的提升,将为高校学生更好地参与国家建设提供更有力支撑。

二、有利于推动经济高质量发展

人才、媒介、经济三者之间有着紧密逻辑关系,相辅相成,互相影响。经济基础决定上层建筑,信息时代的飞速发展为国家经济腾飞提供了肥沃土壤,对经济制度、经济质量、消费行为产生深远影响。人才在媒介与经济碰撞的过程中,既是传播主体也是传播客体。大学生是祖国的未来,民族的希望,时代的责任赋予青年,时代的光荣也属于青年,提升网络媒介素养、紧抓互联网发展机遇、助力国家经济建设,刻不容缓,意义重大。

（一）落实高质量发展要求

国务院印发的《"十四五"数字经济发展规划》中指出:"立足新发展阶段,完整、准确、全面贯彻新发展理念,构建新发展格局,推动高质量发展,统筹发展和安全、统筹国内和国际,以数据为关键要素,以数字技术与实体经济深度融合为主线,加强数字基础设施建设,完善数字经济治理体系,协同推进数字产业化和产业数字化,赋能传统产业转型升级,培育新产业新业态新模式,不断做强做优做大我国数字经济,为构建数字中国提供有力支撑。"数字经济是我国经济高质量发展的重要举措,是建设现代化经济体系的重要体现,数字经济发展离不开高素质人才作为助推力。高校应提升大学生认知和使用网络的能力,要教育引导大学生正确认识网络在国家经济建设中发挥的重要作用,同时也要看到经济全球化背景下网络给国家发展带来的风险与挑战。从宏观层面,提升大学生对网络的经济属性的认知,深刻理解个人发展与国家命运紧密相连的道理。微观层面,要教育引导大学生提升网络使用技能,着力培养数字型人才,为国家高质量发展提供源源不断的动力支撑。

（二）促进全体人民共同富裕

党的二十大报告中指出:"中国式现代化是全体人民共同富裕的现代

化。"富强、民主、文明、和谐、美丽的社会主义现代化强国应以经济建设为依托,经济发展是全体人民共同富裕的核心要义。信息时代给广大人民群众的生产生活带来了巨大变化,如电子商务经济已经成为人们衣食住行都无法剥离的重要组成部分,当前我国网民规模为超过 10 亿,电子商务交易规模连年增长,2022 年已超过 40 万亿元。电子商务为未来人才就业创业提供了多元和广阔空间,也在刺激国内大循环,助力我国经济发展以及全体人民共同富裕。高校大学生无论未来就业选择何种岗位,都是在为国家经济发展贡献力量,从而成为促进共同富裕的其中一环,在互联网时代,众多就业岗位都离不开电子信息技术支持,高校大学生网络媒介素养提升应得到充分重视。

（三）深化供给侧结构性改革

新发展理念为高质量发展提供理论支撑,供给侧结构性改革为高质量发展提供战略支撑,理论与战略的双管齐下,推进了我国经济实力实现历史性跃升。2020 年 7 月,国家发改委、网信办、工信部等多部门联合发布《关于支持新业态新模式健康发展 激活消费市场带动扩大就业的意见》,提出"坚持以供给侧结构性改革为主线,深入实施数字经济战略"。供给侧结构性改革与数字经济发展互相影响,相辅相成。数字技术可改变传统低效能产业结构,更精准化、更规模化,推动产业改进升级。供给侧结构性改革的关键点就是抓紧互联网产业的发展转型。供给侧结构性改革与高校大学生未来就业紧密相关,互联网产业的发展也离不开人才支撑。

三、有利于增强文化自信自强

文化是一个民族赖以生存和发展的根基。互联网的出现为中华优秀传统文化的传播提供了更广阔的场域和更强劲的动力的同时,也出现了良莠不齐的网络文化,带来新的挑战和问题。高校提升大学生网络素养既有利于培养优秀网络文化建设人才,也有利于繁荣社会主义文化事业。

（一）培育中国好网民

互联网的飞速发展极大地丰富了人们的文娱生活,手机、电脑的出现打破了传统大众媒介如纸、杂志、电视的单向传播模式,网络时代,人人都有麦克风和摄像头,人人都可成为自媒体。微信、微博等社交平台,抖音、快手等短视频平台,B站、腾讯等视频平台为人们进行网络文化创作提供极大便利,网络文化呈现丰富多彩,蓬勃发展的一面,但同时也出现低俗恶俗、粗制滥造的一面。

面对网络文化良莠不齐的现象,高校应重视提升大学生网络素养,培育中国好网民,既要引导大学生提升对文化精华与文化糟粕的判断力,又要培育大学生创作优秀网络文化作品的实践能力。当前,大学生已然与互联网密不可分,成为使用和依赖网络媒介的主力军。

以短视频平台——抖音以及社交平台——微信为例:

艾媒咨询在《2020—2021年中国短视频头部市场竞争状况专题研究报告》中指出,中国短视频用户规模增长势头明显,2020年已超7亿人,预计2021年增至8.09亿人[①]。QuestMobile发布的《2020中国移动互联网年度大报告(下)》显示,2020年12月短视频活跃渗透率TOP10中,抖音位列榜首[②]。艾媒咨询的调研结果显示,抖音用户中24岁以下占比49.5%,40岁以下占比超过90%,头部平台均以年轻人群为用户主力。其中校园用户占比超过40%,并以大专和本科学历为主。虽然目前尚无大学生用户的专项数据分析,但综合各项数据,不难看出抖音用户呈现出了高学历和低龄化的特点。

腾讯微校发布的《2019校园新媒体观察报告》显示:目前,全国各大高校所持有的公众号总量已超过45万个,高校新媒体立足于打造微信公众号矩阵,强化高校品牌[③]。在校园文化建设中,高校新媒体传播效率高、互动性强,深受青年学生的喜爱,逐渐成为思想活跃、易于接受新生事物的大学生获取和交流信息的重要渠道。

---

① 2020—2021年中国短视频头部市场竞争状况专题研究报告[EB/OL].[2021-01-23].https://www.iimedia.cn/c400/76654.html.

② QuestMobile 2020中国移动互联网年度大报告(下)[EB/OL].[2021-02-02].https://www.thepaper.cn/newsDetail_forward_11045335.

③ 腾讯微校发布《2019校园新媒体观察报告》高校生活进入"微"时代[EB/OL].[2019-04-01].http://caijing.chinadaily.com.cn/chanye/2019-04/01/content_37453759.htm.

高校学生既是网络新媒体的受众,也是改善网络生态的重要力量,高校网络素养教育可以发挥第一、第二课堂协同育人优势,引导大学生将所学所得应用于网络建设中,培养浩然正气,弘扬正能量,敢于伸张正义,增强思辨能力和创作能力,争做中国好网民。

（二）繁荣社会主义文化事业

网络媒介为我国推进文化自信自强,铸就社会主义文化新辉煌提供了重要动能。网络媒介打破时间与空间限制,拓宽了文化的传播渠道;汇聚了众多优秀传播主体,丰富文化创作内容与形式;最大范围地将传播内容输送给传播受众,扩大了传播覆盖面,也保证了强有力的传播效果。高校大学生在传播载体、传播渠道、传播内容、传播主体、传播受众等多层维度中都扮演重要角色,其网络素养的高低直接关系着我国社会主义文化事业建设。高校大学生本身就是信息传播载体,在多级传播中有衔接作用;高校大学生作为传播主体,是创作优秀网络文化作品,拓宽传播渠道的重要力量;高校大学生也是社会主义文化的重要传播对象,即传播受众。

繁荣社会主义文化,推进文化自信自强要建设具有强大凝聚力和引领力的社会主义意识形态。在这个过程中,必须加强全媒体传播体系建设,塑造主流舆论新格局;健全网络综合治理体系,推动形成良好网络生态。互联网已然是意识形态斗争的主战场,面临着各种敌对势力渗透,大学生社会经验不足,面对五花八门的爆炸式信息,容易出现被误导的情况,高校应审时度势,把握时代脉搏,主动占领网络思想政治教育新阵地,充分将网络平台为我所用,引领大学生在网络空间说正确的话,做积极的事,创作正能量作品,将青年凝聚在风清气正的网络阵地中。要繁荣社会主义文化,推进文化自信自强,广泛践行社会主义核心价值观。网络空间为培育堪当民族复兴大任的时代新人提供了强有力的平台支撑,各类新媒体新技术支撑下的新兴数字文化产业,都为增强中华优秀文化传播力提供动能。在网络传播过程中,青年利用数字技术,讲好中国故事、传播好中国声音、展示好中国形象,既是优秀网络媒介素养的具象体现,也是繁荣社会主义文化的具象体现。

四、有利于实施科教兴国战略

党的二十大报告中指出："教育、科技、人才是全面建设社会主义现代化国家的基础性、战略性支撑。"我们要利用互联网拓宽教育空间,丰富教育资源;提供技术支持,促进科技发展;锻炼人才素质,拓展成长格局。

（一）建设教育、科技、人才强国

提升大学生网络素养有利于办好人民满意的教育。我们创办的高校是社会主义高校,要坚持中国共产党的领导,落实立德树人的根本任务。信息技术为高质量教育水平提供了更丰富的资源平台、更多样新颖的教育形式,为提升教育效果提供了有效动能。同时,高校要积极开展网络安全教育、培养专门教师队伍、编写专门教材、开设专业课程,从学生面临的复杂网络环境和自身网络素养提升需求出发,夯实教育水平,以此作为办好人民满意的教育的重要举措。正如党的二十大报告中指出的,要"推进教育数字化,建设全民终身学习的学习型社会、学习型大国",数字化是教育适应国家社会发展的重要途径。

提升大学生网络素养,有利于完善科技创新体系,加快实施创新驱动发展战略。媒介平台和信息技术是国家科技创新发展的重要一环,航天航海、国防安全、机械设备、生物医药等国家建设的各个领域,都离不开互联网技术的支持,培养信息技术人才为探索新的科研领域、掌握最新科研技术、建设科技强国提供了驱动力。

提升大学生网络素养,有利于实施人才强国战略。习近平总书记指出："互联网主要是年轻人的事业,要不拘一格降人才。要解放思想,慧眼识才,爱才惜才。培养网信人才,要下功夫、下大本钱,请优秀的老师,编优秀的教材,招优秀的学生,建一流的网络空间安全学院。"①高校作为青年群体的聚集地,是建设教育、科技、人才强国的重要组成部分,肩负着互联网领域的人才培养使命。

---

① 习近平.在网络安全和信息化工作座谈会上的讲话[DB/OL].[2016-04-19].习近平系列重要讲话数据库,http://jhsjk.people.cn/article/28303260.

（二）推动数字强国建设

2021年11月中央网络安全和信息化委员会印发的《提升全民数字素养与技能行动纲要》指出："提升全民数字素养与技能，是顺应数字时代要求，提升国民素质、促进人的全面发展的战略任务，是实现从网络大国迈向网络强国的必由之路，也是弥合数字鸿沟、促进共同富裕的关键举措。"高校对大学生的网络素养教育一方面是为培养数字人才建设稳定"蓄水池"，另一方面是顺应世界发展趋势，为建设数字强国提供动能和推力。

提升大学生网络素养可以丰富优质数字资源供给，培养高质量互联网人才以投入到新型基础设施建设，助力拓展网络质量，提高数字设施和智能产品服务能力。高校及高校培养的数字人才可发挥整体和部分双重优势，开发提升数字素质的课件和培训网站、App、微信公众号、短视频平台等，为数字强国建设提供多元的平台和途径。提升大学生网络素养可以提升高品质数字生活水平。数字人才可完善智慧家庭相关硬件和软件的配置与升级，可以将所学所获应用于智慧社区的建设，提供更迅捷、更智能、更精准的管理与服务，还可以丰富各类数字服务，创建多维智慧场景如VR虚拟场景、4K超高清视频、5G网络覆盖、人工智能、数字金融、非现金支付等。提升大学生网络素养可以提升高效率数字工作能力。高校及数字型人才可开发一系列内容素养提升课程，开发智慧管理系统，依托大数据做好产业集聚和人员队伍建设，为提升经营效率提供动力。提升大学生网络素养一定程度上也可以促进学校教育体系完善和教育水平提升，弥补数字人才培养上的空缺，为培养创新型数字人才、复合型数字人才、专业化技术人才奠定一定的教育基础。

五、有利于构建国家安全格局

大学生网络素养提升从宏观、中观、微观三个维度影响着国家安全格局建设。宏观层面，可提升大学生的网络安全意识，坚定理想信念，有利于国家网络安全建设；中观层面，可提升大学生的网络使用技能，创作正能量作品，有利于社会和谐稳定；微观层面，可树立大学生的正确网络观，增强自律意识，有利于家庭和睦相处。

（一）促进国家网络安全

网络安全牵一发而动全身，深刻影响着政治、经济、文化、社会、军事等各领域的安全。习近平总书记强调："没有网络安全就没有国家安全，就没有经济社会稳定运行，广大人民群众利益也难以得到保障。"①高校大学生作为网络原住民更应该知网、懂网、会用网，提升大学生网络素养有利于提升网络安全防护能力。在复杂的网络环境中不时出现错误舆论导向、网络谣言、窃取信息、电信诈骗等各类事件，大学生要坚定理想信念，提升网络辨别能力和网络信息安全防护能力，避免被不良势力引导，这对促进国家网络安全具有重要意义。同时，提升大学生网络素养应有利于引导大学生依法规范上网用网，强化大学生自律意识和法治思维有利于建设良好的网络生态空间，建立风清气正的网络传播秩序，为促进国家网络安全提供推力。

（二）促进社会和谐发展

一个社会要和谐、要稳定、要发展，必然需要一个共同的价值观来引导。网络空间已然成为社会主义核心价值观宣传的重要阵地，提升大学生网络素养，引导大学生利用网络创作积极向上的网络文化作品，发布正能量信息，对促进社会和谐发展具有重要作用。大数据和移动支付的大背景下，个人信息泄露事件时有发生，从而衍生出电信诈骗、垃圾短信等问题，成为社会不稳定因素，提升大学生网络素养有利于强化个人信息和隐私保护；自媒体时代，人人都可成为创作者，都可以在网络平台发声，一些不文明的网络行为如辱骂谩骂、网络暴力等时有发生，提升大学生网络媒介素养，引导大学生认真学习网络文明规范，有利于提升推动全社会形成文明上网、文明办网、文明用网等共识。

（三）促进社会交往能力提升

习近平总书记于2018年8月21日至22日的全国宣传思想工作会议上指出："我们必须科学认识网络传播规律，提高用网治网水平，使互联网这个最

① 习近平.敏锐抓住信息化发展历史机遇 自主创新推进网络强国建设［DB/OL］.［2018-04-21］.习近平系列重要讲话数据库，http://jhsjk.people.cn/article/29941337.

大变量变成事业发展的最大增量。"①提升当代大学生网络素养,有利于提高其对网络文化的辨别能力,以防不良世界观、人生观、价值观的渗透,有利于培养大学生在网络中汲取中华优秀传统文化的力量,尊老爱幼、孝敬父母、家庭和谐。网络世界的丰富多彩对青年群体有极大吸引力,有大学生存在陷入网瘾、沉迷网络游戏等风险,大学生沉溺于虚拟世界,与现实中的家人朋友不沟通不接触,对现实世界的感知力下降,将给家庭带来负面压力和不良影响。提升当代大学生网络素养,有利于引导其健康合理使用电子产品和网络服务,提升学生自律意识,防沉迷网络,更好地提升社会交往能力。

第二节　提升大学生网络素养对学校教育的重要意义

"互联网＋"时代推进了高校现代化教育模式的转型升级,高校顺应社会发展趋势,对大学生进行网络素养教育,既有利于培育符合新时代要求的高素质人才,也有利于建立健全现代化思政教育学科体系,同时也能够提升育人队伍专业素养、满足大学生发展需求,成为落实立德树人根本任务的重要动力。

一、有效落实网络时代人才培养的要求

(一)完善网络人才培养体系

随着互联网走进千家万户,深刻影响社会变革,国家越来越认识到网络安全维护和网络空间竞争的重要性,并多次发布相关政策文件,指导高校加强大学生网络素养教育。2016年,中央网络安全和信息化领导小组办公室等六部门联合印发《关于加强网络安全学科建设和人才培养的意见》,指出:"网络空间的竞争,归根结底是人才竞争。""鼓励高校开设网络安全基础公共课程,提倡非网络安全专业学生学习掌握网络安全知识和技能。""完善本

---

① 习近平.举旗帜聚民心育新人兴文化展形象 更好完成新形势下宣传思想工作使命任务[DB/OL].[2018－08－22].人民网,http://cpc.people.com.cn/n1/2018/0822/c64094-30244975.html.

专科、研究生教育和在职培训网络安全人才培养体系。有条件的高等院校可通过整合、新建等方式建立网络安全学院。"①

2017 年,中共中央、国务院发布的《中长期青年发展规模(2016—2025 年)》明确提出,要"在青年群体中广泛开展网络素养教育,引导青年科学、依法、文明、理性用网",要"广泛开展青年网络文明志愿者行动,组织动员广大青年注册成为网络文明志愿者,参与监督和遏制网上各种违法和不良信息传播,为构建清朗网络空间作贡献。"②

《教育部思想政治工作司 2020 年工作要点》提出"创新推动网络育人"。③《教育部思想政治工作司 2021 年工作要点》提出"建设大学生网络素养、辅导员网络思政能力提升培训体系,汇聚一批精品课程,推出一批网络课堂,打造一批'明星'讲师"④。习近平总书记在党的二十大报告中多次提及"网络"及"数字",指出:"坚持把发展经济的着力点放在实体经济上,推进新型工业化,加快建设制造强国、质量强国、航天强国、交通强国、网络强国、数字中国。""健全网络综合治理体系,推动形成良好网络生态。""打造强大战略威慑力量体系,增加新域新质作战力量比重,加快无人智能作战力量发展,统筹网络信息体系建设运用。""实施国家文化数字化战略,健全现代公共文化服务体系,创新实施文化惠民工程。"

(二) 做好网络强国人才保障

"互联网+"大背景下,国际竞争日趋激烈,社会环境愈发复杂,我国高度重视网络强国建设,先后发布了一系列与网络安全相关的法律法规、政策文件和相关标准,如《中华人民共和国网络安全法》《互联网信息服务管理办法》《云计算服务安全评估办法》《信息安全技术个人信息安全规范》《信息安

---

① 关于加强网络安全学科建设和人才培养的意见[EB/OL].[2016-06-06].中华人民共和国教育部网站,http://www.moe.gov.cn/srcsite/A08/s7056/201607/t20160707_271098.html.

② 中共中央 国务院印发《中长期青年发展规划(2016—2025 年)》[EB/OL].[2017-04-13].中华人民共和国中央人民政府网,https://www.gov.cn/zhengce/202203/content_3635263.htm#1.

③ 教育部思想政治工作司 2020 年工作要点[EB/OL].[2020-04-08].中华人民共和国教育部网站,http://www.moe.gov.cn/s78/A12/gongzuo/yaodian/202004/t20200408_441319.html.

④ 教育部思想政治工作司 2021 年工作要点[EB/OL].[2021-03-17].中华人民共和国教育部网站,http://www.moe.gov.cn/s78/A12/gongzuo/yaodian/202103/t20210317_520288.html.

全技术云计算服务安全指南》《网络安全审查办法》《全球数据安全倡议》《网络空间国际合作战略》《二十国集团数字经济发展与合作倡议》《关于加强数字政府建设的指导意见》《移动互联网应用程序信息服务管理规定》《"十四五"数字经济发展规划》。

　　党的十八大以来,习近平总书记就抓好意识形态工作和国家网络安全工作作出一系列重要论述。2016 年 2 月 19 日,习近平在北京主持召开党的新闻舆论工作座谈会并发表重要讲话指出:"新闻舆论工作各个方面、各个环节都要坚持正确舆论导向。各级党报党刊、电台电视台要讲导向,都市类报刊、新媒体也要讲导向。"①在全国高校思想政治工作会议上,习近平总书记再一次提出:"要运用新媒体新技术使工作活起来,推动思想政治工作传统优势同信息技术高度融合,增强时代感和吸引力。"②

　　习近平总书记强调:"建设网络强国,要把人才资源汇聚起来,建设一支政治强、业务精、作风好的强大队伍。'千军易得,一将难求',要培养造就世界水平的科学家、网络科技领军人才、卓越工程师、高水平创新团队。"③网络强国建设已成为全面建成社会主义现代化强国的重要组成部分,实现这一目标的重要动能就是大力培养数字人才。

二、积极应对教育发展理论实践的诉求

（一）丰富高校思政教育内容

　　目前,大学生网络素养教育的研究内容主要归为三类:一是大学生网络素养教育的现状、问题及对策。以大学生网络素养现状作为突破口,探讨当前互联网背景下大学生网络素养方面存在的问题,并且提出针对性的互联网背景下大学生网络素养教育对策。二是大学生网络平台使用情况、网络行为特征。研究大学生的网络行为动态发展轨迹,探究其网络行为特点。

---

① 习近平.习近平在党的新闻舆论工作座谈会上强调:坚持正确方向创新方法手段 提高新闻舆论传播力引导力[DB/OL].[2016－02－20].习近平系列重要讲话数据库,http://jhsjk.people.cn/article/28136289.
② 习近平.把思想政治工作贯穿教育教学全过程[DB/OL].[2016－12－08].习近平系列重要讲话数据库,http://jhsjk.people.cn/article/28935836.
③ 习近平主持召开中央网络安全和信息化领导小组第一次会议[DB/OL].[2014－02－27].习近平系列重要讲话数据库,http://jhsjk.people.cn/article/24486402.

三是大学生网络素养教育的目标、内容、途径。从建立工作机制、加强网络监管机制、改善校园网络环境、规范上网行为等方面阐述教育途径等。

当前大学生网络素养教育研究存在的一些问题:

一是聚焦价值性的研究较少。大学生网络素养教育内容广泛,以"是什么""为什么""怎么做"的逻辑思路来归纳,当前已有研究多集中在"是什么"与"怎么做"的现状和对策研究,对于"为什么",尤其是追本溯源性质的大学生网络素养教育的时代意义和现实意义的统筹性、全面性、聚焦性的研究较少。二是应用性研究较多,理论研究较少。超过90%的文献均为实证研究,通过量化和质化给出解决问题的对策。对于大学生网络素养教育的重要意义的内涵以及辩证关系的阐述较少。

大学生是时代的晴雨表,是网络空间重要的传播主体与传播客体,高校应把握大学生成长规律和现实需求,提升大学生网络媒介素养,在这个过程中,也有利于完善和丰富高校思政教育内容体系。一方面有利于丰富高校网络思政理论研究,编写教材、开设课题、论坛沙龙等各类理论研讨可以挖掘网络思政理论研究新视角、提供新思路。另一方面,开设大学生网络素养教育系列课程,科学阐释网络素养理论溯源和时代内涵,有利于完善这一领域的学科体系建设。

(二)拓展高校思政教育路径

当前对于提升大学生网络媒介素养路径的研究,多以概括性总结为主,并未落细落小,也缺乏一定的实践指导性。基于现实意义与时代要求的研究,其深度和广度不够。已有研究过于宏观与浅谈,或只谈对大学生个人成长的意义,或只谈宏观时代背景,没有从多维度考虑,同时缺乏典型案例,缺少有效数据支撑,说服性不够强。

高校应充分发挥理论与实践优势,协同第一、第二课堂,将信息技术与思政工作传统优势高度融合,引领学生知行合一,在这个过程中,有利于拓展思政教育的实践路径,提升育人成效。一方面,在第一、第二课堂协同联动的过程中,将理想信念教育融入网络思政教育中,引导大学生树立正确的网络政治观念,让大学生在思想上认识到提升自身网络素养对国家、社会、个人的重要意义,主动担当时代责任和历史使命,发挥主观能动性,投入到网络素养提升的学习与实践中,促进思政教育的实施力。另一方面,在第一课程开设网络素养教育相关课程,将网络的知识、内容、行为规范融入思政教育中,在第二课堂开设网络素养相关的实践活动,将网络的技能、技术融入思政教育中,第一、第二课堂双管齐下,有利于促进认知力量向实践成果的转化,拓宽思政教育路径。

三、不断提升育人队伍专业素养的探求

(一)强化思政教师专业素养

习近平总书记在学校思想政治理论课教师座谈会上指出:"要配齐建强思政课专职教师队伍,建设专职为主、专兼结合、数量充足、素质优良的思政课教师队伍。"①提升大学生网络媒介素养需要高校完善相关学科体系建设、课程建设,相对应地就需要配套的思政教师队伍,促进思政教师专业素养的提升。习近平总书记强调:"要推动思想政治理论课改革创新,不断增强思政课的思想性、理论性和亲和力、针对性。"②多元的媒介平台和多样的信息技术能够激发高校思政教师提升思政教育相关课程的课堂活力和教育成效。思政课不仅应该在课堂上讲,也应该到社会生活中来讲。利用丰富的网络教学资源,打破物理空间限制,让思政教师不被禁锢在固定空间,让授课主体不再局限于一位教师,教师能够因地制宜、因势而动,利用网络平台解除学生的时间和空间限制,发挥学生的主体作用,实现全员全过程全方位育人。思政教师在网络素养教育的过程中,要能够促进思政课程理论性与实践性的统一、一致性与多样性的统一、灌输性与启发性的统一,强化育人队伍专业素养。

(二)丰富专业教师育人路径

2018年1月20日发布的《中共中央 国务院关于全面深化新时代教师

---

①　习近平.用新时代中国特色社会主义思想铸魂育人 贯彻党的教育方针落实立德树人根本任务[DB/OL].[2019－03－19].习近平系列重要讲话数据库,http://jhsjk.people.cn/article/30982234.
②　习近平.思政课是落实立德树人根本任务的关键课程[DB/OL].[2020－08－31].习近平系列重要讲话数据库,http://jhsjk.people.cn/article/31843368.

队伍建设改革的意见》指出："教师主动适应信息化、人工智能等新技术变革，积极有效开展教育教学。"信息技术的飞速发展为专业教师丰富育人路径、提升育人成效提供了重要推力。当前，微格教学、翻转课堂、在线互动都成为专业教师的重要育人抓手，高校在对大学生进行网络素养教育时，一定程度上也为专业教师多媒体多技术的教育教学模式开展提供了条件和便利，反过来丰富了专业教师的育人资源。《高等学校课程思政建设指导纲要》要求："把思想政治教育贯穿人才培养体系，全面推进高校课程思政建设，发挥好每门课程的育人作用，提高高校人才培养质量。"[①]时代发展要求专业教师具备思想政治素质和专业素质，专业教师要在利用网络媒介技术将课程与思政有机统一的过程中，潜移默化地对学生进行思想政治教育，提升大学生网络素养，同时以课程思政建设提升专业教师的综合素质，探索育人新路径。

（三）组建多主体思政教师队伍

网络世界的复杂多变让"互联网＋"思政教育成为常提常新的主题，随着时代发展，高校的教育理念也由向学生传授知识技能逐渐转变为提升学生综合素养，能力和素养的培养必然需要高素质教师队伍的支持。当前高校教师的网络素养教育需得到正视和重视，高校思政教师队伍与专业教师队伍的协同联动仍有较大探索和发展的空间。提升大学生网络素养为组建多主体思政教师队伍提供了重要助推。高校在建设网络思政学科体系的过程中，应培养一支网络思政教育专门队伍，为高校教师进行专业辅导与培训，强化教师的网络思维、网络技能、网络认知，更好地将网络与传统课程融合，而不应简单停留在多媒体课件的使用上。另一方面，要组建由思政教师、专业教师、学工队伍、信息技术人员构成的多元复合型专项育人团队，围绕大学生网络素养教育开设融合性课程，有利于创新育人路径，增强教师队伍的战斗力和凝聚力。

---

① 教育部关于印发《高等学校课程思政建设指导纲要》的通知［EB/OL］.［2020－06－01］.中华人民共和国教育部网站，http://www.moe.gov.cn/srcsite/A08/s7056/202006/t20200603_462437.html.

四、全面强化高校立德树人成效的追求

（一）提高落实立德树人根本任务的有效性

习近平总书记在全国高校思想政治工作会议上指出："高校思想政治工作关系高校培养什么样的人、如何培养人以及为谁培养人这个根本问题。要坚持把立德树人作为中心环节，把思想政治工作贯穿教育教学全过程，实现全程育人、全方位育人，努力开创我国高等教育事业发展新局面。"①提升高校大学生的网络素养，是顺应时代要求下高校应完成的重要任务，网络素养教育是高校德育的重要组成部分，要以社会主义核心价值观引导当代大学生在网络中遵纪守法，传承中华民族传统美德，传播正能量。

"互联网＋"背景下，提升大学生网络素养有利于打开和稳固"三全育人"的思政工作格局。高校学生不仅是网络素养教育的传播受众，也是传播主体。高校思政教师、专业教师在网络思政的场域中也不仅是授课者，也应不断学习和提升自身的网络素养。同时，社会各类网络资源涌入校园，为全员育人打开了新的格局。网络思政教育要贯穿高校学生成长成才全过程，打破网络空间与课堂课程的次元壁，让网络信息技术和资源时刻萦绕在传播主体和传播受众之间。网络媒介为全方位教育提供了更多可能性，思政教育工作贯穿虚拟与现实、校外与校外多重维度，不断赋能提升育人成效。

（二）提升培育时代新人目标任务的针对性

党的二十大报告指出："弘扬以伟大建党精神为源头的中国共产党人精神谱系，用好红色资源，深入开展社会主义核心价值观宣传教育，深化爱国主义、集体主义、社会主义教育，着力培养担当民族复兴大任的时代新人。"网络信息技术为理想信念教育提供了多元的展现形式，引领青年党史、新中国史、改革开放史、社会主义发展史的学习更加入脑入心。例如，依托红色

---

① 习近平.把思想政治工作贯穿教育教学全过程[DB/OL].[2016－12－08].习近平系列重要讲话数据库，http://jhsjk.people.cn/article/28935836.

IP 衍生了各类潮流文创产品,获得年轻人的关注;红色场馆 VR 体验、全息投影的应用,让参观者更加身临其境,走进历史、触摸历史、感悟历史;各大红色文化基地打出了全景云参观,打破地理限制,盘活红色资源。新媒体技术日新月异,为红色教育增添活力,为高校思想理论教育和价值引领带来了丰富网络资源,能够更好地引领广大青年坚定不移听党话、跟党走。

第三节　提升大学生网络素养对学生发展的重要意义

个人发展与国家发展、社会发展紧密相关,面对瞬息万变的网络世界,高校大学生的网络素养教育有利于强化学生的综合能力,帮助其实现全面发展,让青春在全面建设社会主义现代化国家的火热实践中绽放绚丽之花。

一、规范学生网络行为

（一）培养学生信息辨别能力

第 51 次《中国互联网络发展状况统计报告》显示截至 2022 年 12 月,我国网民规模达 10.67 亿人,较 2021 年 12 月增长 3549 万,互联网普及率达 75.6%。在网络基础资源方面,我国域名总数达 3440 万个,较 2021 年 12 月增长 6.8%[①]。通过以上数据可以看出我国互联网普及率持续走高,移动互联网的使用持续深化,互联网已深入人们的衣食住行。在此背景下,当代大学生必须具备网络媒介素养,以适应国家大环境,更好地利用网络实现自我提升与发展。

网络的特点决定了它存在一些弊端,如网上发布的内容不一定是真实的,存在有意无意地造假现象。网络的表达不一定是客观的,同一新闻事

---

① 第 51 次《中国互联网络发展状况统计报告》发布.［EB/OL］.［2023 - 03 - 04］. https://baijiahao. baidu.com/s? id=1759366992946439053&wfr=spider&for=pc.

件,不同媒体所站立场不同,会表现出截然不同的观点。媒体的报道也不一定是平衡的,当涉及多方利益时而报道中只出现一方发声时,我们就需要引起警惕。媒体的立场有时也不一定是公正的,媒体不能代替司法审判。当前网络环境复杂性与日俱增,媒体的影响力与日俱增,与此同时敌对势力的渗透也大量进入网络环境,谣言假消息、不良网络行为、电信诈骗等现象时有发生,对高校学生个人而言,对网络信息的准确理解和理性批判能力不可或缺。培养学生的信息辨别能力是提升大学生网络素养的现实意义之一,要引领学生认识到维护国家主权、创造和谐稳定社会环境是每个中国公民的责任和义务,帮助学生主动提高批判能力、辨别能力,远离网络上的违法活动,警惕敌对势力的恶意抹黑和诋毁,抵制网络不文明行为,敢于与网络上歪风邪气作斗争,增强新时代大学生的志气、骨气、底气。

(二)深化学生网络安全意识

人们对网络的认知能力已成为一项基本的社会能力,而不是从事网络传播和研究者的专业特长。高校学生对网络的认知能力集中体现为网络安全认知,这也是提升大学生网络素养的时代要求。

我们每天看到的微博热搜、头条新闻映射着传播学"拟态环境"[①]和"议程设置"[②]的作用发挥。拟态环境指存在于我们头脑中关于世界的看法。与现实相比,这种看法总是不完整的并且通常是不准确的,李普曼(Walter Lippmann)认为,我们的行为是对这个拟态环境的反应,非真实环境的反应。新闻每天都在告诉我们大环境中那些我们无法直接经历的事件与变化。但是大众传媒所做的事情远远超过了传达重大事件与议题的范围。通过日复一日的新闻筛选与编排,新闻媒体影响着我们对当前重要事件的认知。这种影响各种话题在公众议程上的显要性的能力被称作新闻媒体的"议程设置"作用。基于传播媒体的这种特点和运作机制,对国家安全和社

① 拟态环境指的是媒介的"拟写现实"的功效,媒介为受众塑造了一个虚拟的现实环境,它并不是对现实环境"镜子"式的再现,而是经过了媒介对象征性事物或事件的选择加工、重组之后才向人们展示的环境。
② 议程设置描述了媒体的一种强大的影响力——能告诉我们什么事件重要的能力,是公众认知和新闻媒体关注要闻的产物。

会稳定带来一定的风险与挑战。

党的二十大报告指出:"一些人对中国特色社会主义政治制度自信不足,有法不依、执法不严等问题严重存在;拜金主义、享乐主义、极端个人主义和历史虚无主义等错误思潮不时出现,网络舆论乱象丛生,严重影响人们思想和社会舆论环境。"高校大学生深化网络安全意识刻不容缓,大学生应主动走进网络、认知网络,在互联网上主动维护国家安全,向破坏国家安全的势力和行为亮剑,主动学习网络安全知识,保证个人生命财产和信息安全,积极营造风清气正的网络环境。

(三)提升学生使用网络的效能

知网、懂网,最终的目的是用网,高效用网有利于国家网络安全建设。培养高素质网络技术人才是提升大学生网络素养的时代要求。高效用网具体表现为具备较高的网络使用能力。能够依托网络寻找学习和自我提升的资源和平台,高校应在理论与实践相统一,在第一、第二课堂协同的基础上,使学生具备敏锐的互联网思维,将网络空间发展成为引领学生成长成才的重要课堂。

高效用网也具体表现养成良好的网络行为习惯。高校要引导学生提升自控能力,做好时间管理,劳逸结合,分清虚拟与现实,合理分配线上线下时间,避免沉迷于网络空间,注重现实世界中的人际交往、情感沟通,锻造健康向上的心理品质。高效用网还具体表现为具备正向的网络创作能力。提升大学生网络素养,既有利于提升学生的网络创作能力,引导学生以社会主义核心价值观为核心创作网络文学、短视频、动漫、歌曲、海报等,用正能量的作品感染更多传播受众;也有利于提升学生的传播能力,学生可以以网络媒介为载体,充分发挥媒介传播速度快、范围广的优势,把握网络传播即时性、互动性、分众化、社群化的特点,让优秀作品传播得更广、更远,影响得更快、更深。

二、满足学生成长需求

(一)满足新时代青年人才成长需求

习近平总书记在党的二十大报告中寄语当代中国青年努力成为有理

想、敢担当、能吃苦、肯奋斗的新时代好青年①。青年在自我发展过程中，既有德的成长需求，也有才的成长需求。面对"互联网＋"时代，提升大学生网络素养是满足学生成长成才需求的重要举措。

一方面，网络素养是高校思政教育的重要组成部分，它既包括专门的课程体系建设，也涵养于高校现有的"马克思主义基本原理""毛泽东思想和中国特色社会主义理论体系概论""中国近代史纲要""思想道德与法治""形势与政策""习近平新时代中国特色社会主义思想概论"等公共基础课程中。在思政课程中，教师利用新媒体新技术，将网络热点热词与时俱进融于课堂，鲜活地对学生进行思想理论教育和价值引领。学生在课程的学习中树立正确的世界观、人生观、价值观，主动践行社会主义核心价值观；在传播正能量的过程中，逐渐实现个人价值与社会价值的统一。另一方面，高校的信息技术课程应得到重视，大学生在信息技术课程的学习中能够获得丰富的技术技能，既可将其应用到其他学科的学习中，也能为个人未来的就业奠定基础。

（二）提升当代大学生网络素养水平

作为网络原住民，高校大学生从小便认识网络、使用网络，从网络中获取信息，利用网络满足衣食住行各类需求，青年群体看似了解网络，但生活阅历不足，对千变万化的复杂环境的感知力不强，对信息技术、互联网的深层认知和把控能力还需提升。

一是对互联网的了解不够全面深入。主要表现在对基础建设情况、网民的规模和结构状态、互联网应用的发展状况、互联网安全状况等的了解还停留在表面，有时甚至较为片面和极端。

二是对互联网技术的掌握不够扎实。当前高校只有计算机类或相关学科背景的学生会较为深入地学习网络信息技术，其他专业的学生并不了解互联网技术的缘起及归处，就很难深层次理解其所蕴含的政治属性、经济属性的重要性，很难把握时代趋势。

---

① 习近平.高举中国特色社会主义伟大旗帜 为全面建设社会主义现代化国家而团结奋斗——在中国共产党第二十次全国代表大会上的报告[M].北京：人民出版社，2022.

三是对互联网的把控力不够强。网络为大学生带来了丰富多彩的文娱生活,但也导致了网瘾等一系列问题,大学生相对自由的学习生活环境对自制力要求比中小学更高,容易出现沉迷网络荒废学业的现象,不利于大学生的健康成长。

由此可见,思政教育工作需意识到大学生身处网络环境中出现的种种问题,重视大学生的网络素养教育。

三、实现学生全面发展

(一)有利于学生德育发展

习近平总书记强调:"育人的根本在于立德。全面贯彻党的教育方针,落实立德树人根本任务,培养德智体美劳全面发展的社会主义建设者和接班人。坚持以人民为中心发展教育,加快建设高质量教育体系,发展素质教育,促进教育公平。"①大学生网络素养是素质教育的重要组成部分,也是高校思想政治教育的重要环节,网络素养以社会主义核心价值观为指导,最本质的作用就是对学生进行思想引领,即德育教育。中国古代有"三不朽"之说,为立德、立功、立言,从这里我们可以看出古人把树立德行放在首位,高于建功立业和著书立说。一个人只有明大德、守公德、严私德,才能有所作为。

提升大学生网络素养,有助于广大青年明大德。大学生要深刻认知网络特点,提高明辨是非的能力,在网络空间守护国家安全,坚守舆论阵地,用优秀作品传播中国特色社会主义先进文化,在未来就业中,坚守工作岗位,服务人民,为建成社会主义现代化强国贡献力量。提升大学生网络媒介素养,有助于广大青年守公德。大学生网络素养教育的重要内容包括引导学生明确网络法治规范、练就过硬的网络道德素养。网络不是法外之地,要对网络心存敬畏,遵守法律法规,诚实守信,不信谣不传谣,以合法合规方式使用网络、传播信息;同时向上向善,文明上网,文明发言,弘扬主旋律,营造清明的网络环境。提升大学生网络媒介素养,有助于广大青年严私德。大学

① 习近平.高举中国特色社会主义伟大旗帜 为全面建设社会主义现代化国家而团结奋斗——在中国共产党第二十次全国代表大会上的报告[M].北京:人民出版社,2022.

生要在课堂上尊师重道，认真听讲；在考场上遵守纪律，诚实守信；在宿舍里与人为善，团结友爱；在家庭中孝敬父母，尊老爱幼；在网络上明辨是非，规范言行。

可见，网络素养的德育作用在学生个体中体现得尤为明显。

（二）有利于学生智育发展

互联网汇聚世界讯息和资源，为人们打开了更广阔的视野，各类知识以爆炸式的状态呈现在大众面前。在增长知识和见识上下功夫，是高校培养学生的重要抓手之一，网络为学生的智育发展提供了强大助推力。

对学生进行网络素养教育，是激发学生学习兴趣的重要举措。网络打破了传统课堂的灌输式教学，既丰富了教学形式也丰富了教学内容。以思政类课程为例，网络资源促进了教师教学的解释力、设计力、实施力。对 00 后大学生的学情分析数据可知，该群体对思政类课程的教学要求是内容故事性更强、形式更加多样、演绎更加生动。基于学生需求以及教学要求，思政类课程以习近平总书记系列重要讲话、党和国家的相关会议、文件精神为指导把控方向，以网络热词网络热点事件为切入口紧抓热点，以时间为线索重视逻辑，以人物为核心聚焦主题，以故事为着力点深化内涵，以问题为导向激发思考，依托新媒体新技术，强化互动实践，引领学生学习党史、领悟精神内涵、坚定理想信念、培育和践行社会主义核心价值观。

对学生进行网络素养教育，是盘活学生学习资源的重要推力，也是增强学生自主学习能力的重要动能。学生利用网络平台查找文献资料、网络课件、图文素材等，主动拓宽学业视野，丰富学识内涵，在网络上寻求解决学习问题的办法，逐渐锻炼筛选信息能力、辩证思维能力，增强了学习的主动性和创造性。

（三）有利于学生体育发展

2019 年 9 月，国务院办公厅印发了《体育强国建设纲要》，指出："大力推动全民健身与全民健康深度融合，更好发挥举国体制与市场机制相结合的重要作用，不断满足人民对美好生活的需要，努力将体育建设成为中华民族伟大复兴的标志性事业。""优化全民健身组织网络。""推动建设公共体育场地设施管理服务网络平台。""构建社会化、网络化的青少年体育冬夏令营体系。""加强体育舆情监测,提高网络舆情应对能力。"①网络素养的提升为学生体育发展提供了有利条件。

第一,要从思想上引导学生认识到体育强国与个体息息相关,个人的健康成长离不开体育锻炼。网络为宣传体育强国理念、宣传体育锻炼的意义提供了平台支撑,扩大了宣传的影响力。第二,要从认知上引导学生了解中国体育精神和体育文化,占领网络思政教育阵地,让学生客观公正应对体育舆情,传播正能量。第三,要从设施和管理上,为学生体育锻炼提供了便利条件。高校要完善公共体育场地设施管理服务网络平台,让学生简约快捷地预定活动场地、借用体育器材。通过网络平台提前预告丰富的体育课程和教师资源,让学生有更多的选择空间,激发体育锻炼的兴趣。第四,要从行动上科学指导学生进行适当有效的体育锻炼。学生可充分利用网络平台寻找感兴趣的体育项目,了解该项目的适合人群、主要内容、注意事项以及发挥的作用,达到真正锻炼身体的目的,避免学生盲目跟风。

（四）有利于学生美育发展

2020 年 10 月,中共中央办公厅、国务院办公厅联合印发了《关于全面加强和改进新时代学校美育工作的意见》,指出:"全面深化学校美育综合改革,坚持德智体美劳五育并举,加强各学科有机融合,整合美育资源,补齐发展短板,强化实践体验,完善评价机制,全员全过程全方位育人,形成充满活力、多方协作、开放高效的学校美育新格局。"②网络素养教育为学生美育发展提供了重要推力。

首先,网络素养教育有利于现代化的美育课程和学科体系建设。美育课程的可看性、展示性是极高的,以往传统课堂限制了美的发挥与传

---

① 国务院办公厅关于印发体育强国建设纲要的通知[EB/OL].[2019-09-02].中华人民共和国中央人民政府网,https://www.gov.cn/zhengce/content/2019-09/02/content_5426485.htm.
② 中共中央办公厅国务院办公厅印发关于全面加强和改进新时代学校美育工作的意见[EB/OL].[2020-10-15].教育部机关服务中心网站,http://www.moe.gov.cn/s78/A01/s4561/jgfwzx_zcwj/202010/t20201019_495584.html? eqid=ee9a81e10039759f000000046426f7b7.

播,网络技术进入传统课堂后,为舞蹈、歌舞、书画等艺术表现形式提供了更直观更多彩的展现形式,促进美育课程的转型升级,同时也为美育课程的内容注入新的元素,如网络文学、网络短视频、网络漫剧等。其次,网络素养教育有利于提升学生的审美体验。网络扩大了美育的传播范围,增强了育人效果,引领学生个体端正审美导向、追求审美理想、提高审美素养。一方面,可以让学生在面对纷繁复杂网络环境中的各类作品时能够理性判断,可以分清什么是精华什么是糟粕,主动传扬符合社会主义核心价值观的文艺作品,摒弃低俗恶俗媚俗的内容。另一方面,学生能更全面、更专业地评判美育作品,与作品达成心灵共鸣,从而深化对中华优秀传统文化的认同,坚定文化自信。最后,网络素养教育有利于激发学生的灵感和创作力。具备网络素养的具象表现之一便是高效使用网络,高校大学生充分利用网络平台特点和优势,结合审美体验,从日常生活和专业学习两个维度进行文艺创作,创建美育的传播场域,追求个人美育发展得更高级别体现。

（五）有利于学生劳育发展

《中共中央 国务院关于全面加强新时代大中小学劳动教育的意见》中指出,劳动教育要"体现时代特征。适应科技发展和产业变革,针对劳动新形态,注重新兴技术支撑和社会服务新变化。深化产教融合,改进劳动教育方式"①。网络媒介素养的提升为学生劳育发展提供了重要动能。

首先,网络素养教育有利于现代化的劳育课程和学科体系建设,增强高校劳动教育的吸引力,激发学生投入实践的兴趣。网络为高校劳动教育课程开展提供了更多新颖形式和内容,让学生体验多元劳动教育场景,同时也扩大了传播范围和影响力,起到普及劳动教育知识的作用,引领学生理解劳动的内涵和价值,夯实理论知识,扩大实践类别。其次,网络素养教育有利于提升学生劳动技能,增强社会竞争力。培养学生"互联网＋"的劳动思维是时代的必然要求,当前,我国各行各业都在推动数字产业,移动通信、大数

---

① 中共中央 国务院关于全面加强新时代大中小学劳动教育的意见[EB/OL].[2020-03-26].中华人民共和国中央人民政府网,https://www.gov.cn/zhengce/2020-03/26/content_5495977.htm.

据、物联网、云计算已经与生产生活密不可分。大学生的网络素养必然成为未来就业时的重要加持,熟练掌握新技能、新应用,未来用"互联网+"思维去实现产业的转型升级,提高创新能力,这是学生劳动教育重要成效的体现。

最后,网络素养教育有利于培养学生的劳动精神,引导学生艰苦奋斗。精神是灵魂的驱动力,有效的劳动教育的集中体现便是学生具备了劳动精神,能吃苦、肯奋斗,充分利用网络平台为人民服务、为国家建设奋斗、为传播中华民族传统美德贡献力量,这也是高校提升大学生网络素养的现实意义所在。

第四章

大学生网络平台使用习惯分析

第一节 互联网平台分类分级

国家市场监督管理总局关于对《互联网平台分类分级指南(征求意见稿)》①《互联网平台落实主体责任指南(征求意见稿)》②公开征求意见的公告中对互联网平台进行了分类分级,这为我们更为精准剖析互联网对大学生成长带来的影响提供了建议。

一、互联网平台分类

对平台进行分类需要考虑平台的连接属性和主要功能。平台的连接属性是指通过网络技术把人和商品、服务、信息、娱乐、资金以及算力等连接起来,由此使得平台具有交易、社交、娱乐、资讯、融资、计算等各种功能。结合我国平台发展现状,依据平台的连接对象和主要功能,将平台分为如表4-1所示的六大类:

表4-1 互联网平台分类

平 台 类 别	连 接 属 性	主 要 功 能
网络销售类平台	连接人与商品	交易功能
生活服务类平台	连接人与服务	服务功能
社交娱乐类平台	连接人与人	社交娱乐功能
信息资讯类平台	连接人与信息	信息资讯功能
金融服务类平台	连接人与资金	融资功能
计算应用类平台	连接人与计算能力	网络计算功能

注:表格来源于《互联网平台分类分级指南(征求意见稿)》。

---

① 互联网平台分类分级指南(征求意见稿)[EB/OL].[2021-10-29].中国质量新闻网,https://baijiahao.baidu.com/s? id=1714949376842959155&wfr=spider&for=pc.
② 互联网平台落实主体责任指南(征求意见稿)[EB/OL].[2021-10-29].中国质量新闻网,https://baijiahao.baidu.com/s? id=1714949377259907439&wfr=spider&for=pc.

二、互联网平台分级

对平台进行分级,需要综合考虑用户规模、业务种类以及限制能力。用户规模即平台在中国的年活跃用户数量,业务种类即平台分类涉及的平台业务,限制能力即平台具有的限制或阻碍商户接触消费者的能力,如表4-2所示。

表 4-2 互联网平台分级

平台分线	分级依据	具 体 标 准
超级平台	超大用户规模	在中国的上年度年活跃用户不低于 5 亿个
	超广业务种类	核心业务至少涉及两类平台业务
	超高经济体量	上年底市值(估值)不低于 10 000 亿元人民币
	超强限制能力	具有超强的限制商户接触消费者(用户)的能力
大型平台	较大用户规模	在中国的上年度年活跃用户不低于 5 000 万个
	主营业务	具有表现突出的平台主营业务
	较高经济体量	上年底市值(估值)不低于 1 000 亿元人民币
	较强限制能力	具有较强地限制商户接触消费者(用户)的能力
中小平台	一定用户规模	在中国具有一定数量的年活跃用户
	一定业务种类	具有一定的业务
	一定经济体量	具有一定的市值(估值)
	一定限制能力	具有一定的限制商户接触消费者(用户)的能力

注:表格来源于《互联网平台分类分级指南(征求意见稿)》。

根据表 4-1 和表 4-2,对目前互联网平台主流代表进行分类分级,形成如表 4-3 所示的各类分级网络平台代表。

表 4-3　各类分级网络平台代表

平台分类	超级平台	大型平台	中小平台
网络销售类平台	淘宝、拼多多	京东、苏宁易购、唯品会、得物	蘑菇街、义务购、转转
生活服务类平台	美团	滴滴、饿了么、携程	58同城、自如
社交娱乐类平台	QQ、微信、抖音	王者荣耀	微博、B站
信息资讯类平台	/	百度、今日头条	趣头条、一点资讯
金融服务类平台	微信、支付宝	理财通、蚂蚁花呗	度小满、京东金融
计算应用类平台	/	/	TapTap、百度智能云

第二节　各平台大学生用户数据

作为 Z 世代的青年群体,大学生的生长、成长、教育全程由互联网伴随,他们是互联网时代的原住民,对于各类网络平台运用自如,是各类平台的主力用户。

一、网络销售类平台

（一）超级平台

淘宝:淘宝网是由阿里巴巴集团在 2003 年 5 月创立的中国乃至亚太地区大型的网络零售平台,是中国深受欢迎的网购零售平台。淘宝网每天有超过 6 000 万的固定用户,平均每分钟有 4.8 万件产品售出。截至 2011 年底,淘宝网日交易额峰值达到 43.8 亿元,并且拥有近 5 亿的注册用户,直接且充分创造了大量的小型零售公司和就业岗位。2023 年进行架构分拆改革和战略升级,企业成效显著,重视价格力、加码内容化、强调商家用户价值、走向 AI 驱动。2023 年第三季度天猫新入驻商家数量同比增加 105%,2023 年双 11 淘天 88VIP 用户数量高达 3 200 万以上。目前,淘宝网已经成为世界范围的电子商务交易平台之一,拥有巨大且稳定的用户群。

据中国社会科学院财经战略研究院、淘宝直播联合发布的《2022直播电商白皮书》数据显示,2022年6月,我国电商直播用户规模为4.69亿户,较2020年3月增长2.04亿户,占网民整体的44.6%。估计2022年全网直播电商的GMV为3.5万亿元左右,占全部电商零售额23%左右。

据《2022淘宝直播年度新消费趋势》分析,直播间消费偏好方面,60后偏好教育、鲜花、萌宠、家装、食品、家居、百货,70后偏好鲜花、萌宠、汽车、家装、家居、百货、珠宝,80后偏好文教、母婴、汽车、家装、生活,90后偏好美妆、数字虚拟、生活、个护、鞋类,00后偏好美妆、男装、女装、食品、户外运动。

《淘宝直播产业带社会价值研究报告2023》显示,经过半年的发展,淘宝直播在产业带帮助万个商家从零起步开始孵化账号,截至2023年11月成交量超过50万单的商家数已经超3 000家;据测算,半年时间,淘宝直播在产业带创造了至少10万个创业就业机会。

拼多多:拼多多是目前国内移动互联网的主流电子商务平台之一。2021年全年,拼多多年成交额为24 410亿元。拼多多是专注于C2M拼团购物的第三方社交电商平台,成立于2015年9月,用户可以通过与朋友、家人和邻居的团购,旨在凝聚更多人的力量,以更低的价格买到更好的东西,体验更多的实惠和乐趣。通过交流和分享形成的社交理念,形成了拼多多独特的社交电商新思维。截至2021年底,拼多多年活跃买家数达8.687亿个,成为中国用户规模最大的电商平台。

2024年3月20日,拼多多集团发布截至12月31日的2023年第四季度及全年业绩报告。数据显示,拼多多2023年第四季度营收888.81亿元,同比增长123%;该季度净利润为232.8亿元,同比增长146%;调整后净利润254.77亿元,同比增长110%。拼多多2023年全年营收2 476.39亿元,同比增长90%;净利润600.27亿元,同比增长90%;调整后净利润为678.99亿元,同比增长72%。

(二)大型平台

京东:京东是一家综合性的在线零售商。它是中国电子商务领域最受欢迎和最有影响力的电子商务网站之一。销售家电、数码通信、电脑、家居百货、服装服饰、母婴用品、图书、食品、网络旅游等 12 大类上万个品牌、百万种产品。京东在华北、华东、华南、西南、华中、东北建立了六大物流中心，并在全国 360 多个城市建立了核心城市配送站。2014 年,京东在中国自营 B2C 市场占有 56.3% 的份额,凭借全供应链继续扩大其在中国电子商务市场的优势。

（三）中小平台

转转：转转是国内知名的二手闲置交易平台,用户通过微信账号一键登录,即可快速发布家中闲置物品的出售信息。转转于 2015 年年底上线,业务覆盖手机、3C 数码、图书、服装鞋帽、母婴用品、家具家电等 30 余个交易品类。2020 年 5 月,转转与同样于 2015 年底上线的二手手机 B2C 平台找靓机战略合并,合并后的新转转集团旗下包括转转、找靓机和采货侠三大平台。

2023 年 6 月 20 日,转转集团发布 2023 年 618 超级战报,从 6 月 14 日 20 时至 18 日 24 时,转转集团携手广大用户通过二手交易实现碳减排超 1 926 万千克,B2C 累计订单同比增长 65.11%,累计 GMV 同比增长 71.94%,旗下多个品类业绩赶超去年,其中手机订单同比增长 44.98%,3C 订单同比增长 169.76%,多品类订单同比增长 255.56%,趣租机订单同比增长 66.08%,图书订单循环 13 318 本,游戏收入同比增长 35.3%,奢侈品 GMV 同比增长 1 652.98%。

二、生活服务类平台

（一）超级平台

美团：美团是一家科技零售公司。美团以"零售＋科技"的战略践行"帮大家吃得更好,生活更好"的公司使命,目前主要以外卖服务为主营业务。

据华经产业研究院发布的《2023 年中国外卖行业深度研究报告》显示,2021 年我国网上外卖行业市场规模为 7 855.8 亿元,同比增长 18.2%。2022 年我国网上外卖行业渗透率为 25.4%,较 2021 年提高 4 个百分点。2022 年我国在线外卖人均消费支出达 789.7 元,同比增长 11.3%,占人均餐饮消费支出的 25.4%。2022 年我国外卖行业相关企业新增注册量 65.85 万家,同比下降 32.7%。

（二）大型平台

滴滴:滴滴出行是涵盖出租车、专车、滴滴快车、顺风车、代驾及大巴、货运等多项业务在内的一站式出行平台,据其年报显示,滴滴 2023 年总营收为 1 924 亿元。

《滴滴的 2023,稳健与增长》显示,在近期发布的 2023 年四季度财报中,滴滴整体出行业务占总营收的比重,从三季度的 94.7% 进一步提升至 95.3%,并推动国内日均单量由三季度的 3 130 万单,微涨至四季度的 3 190 万单。

由交通运输部科学研究院、滴滴发展研究院、中环联合认证中心、商道纵横联合编制的《2023 数字出行助力零碳交通》研究报告显示,截至 2022 年底,在滴滴平台注册的纯电动汽车已经超过 200 万辆。2022 年下半年,滴滴平台网约车月运营里程中纯电动汽车的里程占比攀升至 50% 以上,高于社会车辆的平均电动化水平,也大幅领先于欧美市场。可以说,网约车电动化转型在推动城市交通出行低碳转型中起到了积极作用。

饿了么:饿了么是一家成立于 2008 年的本地生活方式平台,专注于在线食品配送、新零售、即时配送和食品饮料供应链。饿了么致力于用科技打造本土生活服务平台,推动中国餐饮行业数字化进程,将外卖培育成为中国人继做饭、在餐厅吃饭之后的第三种传统就餐方式。饿了么的在线外卖平台覆盖了中国 670 个城市和 1 000 多个县,拥有 340 万家在线餐厅和 2.6 亿个注册用户。其蜂鸟即时配送平台拥有 300 万名注册骑手。随着业绩的持续高速增长,公司现有员工已超 15 000 人。

携程:携程旅行是一款 Android 平台的应用,携程旅行 App 可帮助用户随时随地预订酒店、机票、火车票、汽车票、景点门票、用车、跟团游、周末游、自由行、自驾游、邮轮、游轮度假等产品,并向用户推送旅游攻略、旅游保险、旅行特惠等信息。

根据携程发布的《2023 年暑期出游市场报告》显示,暑期机票订单中,家庭出游(亲子游、全家游、携老人)是增长最快的群体,订单量较 2019 年同期增长超过五成,其中亲子游机票订单涨幅最高,较 2019 年同期增长达到 56%。暑期出境游跟团订单量环比前两个月增长近六成。亲子家庭报名的订单占比达 52%,这一比例高出国内亲子跟团的 46%。具有一定消费力的中青年成为出境跟团的主要报名人群,其中 41～50 岁占比 34%,31～40 岁占比 33%。

（三）中小平台

58 同城:58 同城成立于 2005 年 12 月 12 日,总部位于北京,在中国有 27 家直销网点。该网站是面向当地社区的免费分类信息服务平台,帮助人们解决生活和工作中的问题。

根据 58 同城、安居客发布的《2023 年毕业生租住调研报告》,中介和互联网平台是毕业生租房的两种主要方式。受访者中 33.3% 正准备租房,19.6% 已经租房。毕业生租房主要的关注因素包括租房合同的正规性与房屋安全性,占比分别为 53.1% 与 51.4%。此外,租住房屋地段首选靠近地铁站或公司。

毕业生租住长租公寓的方式上,长租公寓自营官网或 APP 以及长租公寓线下门店成为主要途径,选择 58 同城、安居客等网站平台的比例达38.3%。

自如:新一线城市研究所联合自如研究院,推出《2023 年城市租住魅力指数》,选取北京、上海、深圳、杭州、南京、广州、成都、天津、武汉、苏州 10 座重点城市,从租住需求金字塔的 5 个维度、近 20 个指标中提取 10 城租房人群偏好和城市设施特征,透视头部城市的租住生活魅力特色。

研究发现,北京、上海在租房时长、精装房源率等领域优势明显,展现稳定、精致的特质;广州、武汉、成都分别在整租生活、租金收入比、出租效率等指标上领先。

据自如研究院发布《2021 年 10 城毕业生租房报告》,90% 的大学生毕业后需要通过租房解决居住问题;北深广 3 个城市毕业生租金预算普遍突破 3 000 元,与此同时 90% 毕业生愿为高品质生活调高预算;房源虚假、二房东失责、找看房麻烦位列城市青年租房困扰 Top3,正规、有品质保障的长租品牌已成为 8 成大学生的租房首选。

三、社交娱乐类平台

（一）超级平台

QQ:QQ 是腾讯 QQ 的简称,是腾讯公司推出的一款基于互联网的即时通信软件。QQ 覆盖了 Windows、MacOS、iPadOS、Android、iOS、HarmonyOS、Linux 等多种操作平台。其标志是一只戴着红色围巾的小企鹅。腾讯 QQ 支持视频通话、文字聊天、邮箱收发、传送文件、网络硬盘等多种功能,并可与多种 App 相连,实现 QQ 号与其他 App 账号绑定。

据后台数据分析,QQ 使用年龄分布方面,小于等于 19 岁的用户占比为 9%,20～29 岁的用户占 42% 左右,30～39 岁的用户占 35%,40～49 岁的用户大约占 10%。

微信:微信(WeChat)是腾讯公司于 2011 年 1 月推出的一款为智能终端提供即时通信服务的免费应用程序。微信支持发送语音短信、视频、图片和文字,同时也可以共享流媒体内容的资料和使用服务插件。

根据后台数据,截至 2023 年 6 月 30 日,微信及 WeChat 的合并月活跃账户数达 13.27 亿,同比增长 2%,几乎实现了对中国人口的全量覆盖,稳坐"国民第一社交 App"宝座。

抖音:抖音是字节跳动于 2016 年 9 月 20 日上线的一款音乐创意短视频软件,是面向全年龄的短视频社区平台,用户可以观看其他用户拍摄制作的短视频,可以点赞回复,可以观看直播,也可以打造自己的账号内容让其他用户观看。

抖音生活服务发布的《2023 年数据报告》显示,过去一年,用户观看超 20 亿个种草视频,1061 万个种草直播间,搜索生活服务相关内容 593 亿次。450 多万实体门店在抖音经营,其中,215 万中小商家获得营收增长。这一年,不少生活小事,在复苏中成为流行趋势,甚至"全民狂欢",比如淄博烧烤、贵州村超,人均下单超 7 次。火锅、烧烤持续受网友欢迎。

（二）大型平台

王者荣耀：《王者荣耀》是由腾讯公司运营，天美工作室开发，于2015年11月26日在Android、iOS平台上正式公测，在各类手机平台上的MOBA类国产手游。王者荣耀采取双方以三条路线攻守战斗的游戏模式，以最先攻占对方基地为胜负条件，采取5V5对战模式，结合各类娱乐玩法，通过赢得比赛获得排位等级，展现用户的游戏竞技实力。

据《王者荣耀2023年报告》，截至2023年12月31日，游戏累计注册用户数量已达到10亿，其中活跃用户数量达到6亿。与去年相比，活跃用户数量增长率超过15%。在全球范围内，王者荣耀的年总收入达到350亿元人民币。与去年相比，游戏收入同比增长15%。

（三）中小平台

B站：B站即哔哩哔哩，英文名为bilibili，简称B站，是中国年轻一代高度聚集的文化社区和视频网站，该网站于2009年6月26日创建。2018年3月，哔哩哔哩在美国纳斯达克上市。2021年3月，哔哩哔哩正式在香港二次上市。B站早期是一个ACG（动画、漫画、游戏）内容创作与分享的视频网站。经过十多年的发展，B站围绕用户、创作者和内容构建了优质内容生态系统，覆盖了7 000多个多元文化的兴趣圈社区，曾获QuestMobile研究院评选的"Z世代偏爱App"和"Z世代偏爱泛娱乐App"两项榜单第一名，并入选"BrandZ"2019最具价值中国品牌100强。

微博：微博是一个基于用户关系的社交媒体平台。用户可以通过PC、手机等各种移动终端接入，以文字、图片、视频等多媒体形式实现信息的即时共享、交流和互动。基于公共平台架构，微博为用户提供了一种简单而前所未有的方式，通过裂缝传播，实时公开发布自己的内容，让用户与他人互动、与世界相连。微博作为继门户网站和搜索引擎之后的互联网新入口，改变了信息的传播方式，实现了信息的即时共享。

《2023微博年轻用户发展报告》，截至2023年第三季度微博月活用户为6.05亿，其中16～22岁用户超过1.3亿，几乎每个娃子都在用微博。16～18岁的高中生早六是他们的常态，起得早就刷的早。19～22岁的学姐学长们相对时间更加随意,一有空就刷刷刷。

四、信息资讯类平台

(一)大型平台

百度:百度(Baidu)是拥有强大互联网基础的领先 AI 公司。百度的愿景是成为最懂用户,并能帮助人们成长的全球顶级高科技公司。

据《百度热搜 2022"双十一"大数据》,比价网站搜索热度同比去年上涨 51%,乐信研究院的一份调研显示,接近 4 成的消费者表示,消费决定会比之前更加慎重。开源证券的一份调研数据显示,人们的消费意愿多数集中在生活刚需和生活常备的商品和服务上,对改善型商品和服务的需求意愿有比较明显的下降。

Z 世代青年更偏重线上消费场景,85 后青年兼顾线下门店体验式消费场景。

今日头条:今日头条是北京字节跳动科技有限公司开发的一款基于数据挖掘的推荐引擎产品,为用户推荐信息、提供连接人与信息的服务的产品。

AppGrowing 在 2022 年 8 月整理分析了今日头条等 22 个重点媒体的用户画像。今日头条的男性用户占比 77.6%,超四成用户为 36 岁以上,30岁以下用户仅占三成,可见,中年男性为今日头条的主要用户群体。在用户的城市分布中,一线城市占比 13%,新一线城市占比 22.9%,二线城市占 19.6%,三线城市占比 20.4%,城市分布呈现正态分布的状态。

(二)中小型平台

趣头条:趣头条是一款上海基分文化传播有限公司开发的 App,于 2016 年 6 月正式上线。其以娱乐、生活资讯为主体内容,依托于智能化数据分析系统,为新兴市场受众提供精准的内容分发服务,凭借出色的内容创新与阅读体验,成为移动内容聚合 App 独角兽。

据《趣头条产品分析报告》,趣头条用户年龄分布方面,用户集中于 25~30 岁段,其次是 24 岁以下和 31~40 岁的用户。男性比例为

53.35％,女性的比例为 46.65％。

一点资讯:一点资讯是北京点点网络科技有限公司推出的兴趣引擎,其将搜索和个性化推荐技术有机结合。一点资讯致力于为用户提供基于兴趣的定制化精准信息,已成长为移动互联网时代的内容分发平台。其内容的主要分类有时政新闻、财经资讯、社会热点、军事报道、家装设计、育儿知识、占星术、旅游、野史探索、太空探索、未解之谜、前沿科技资讯,探索未知新世界。

极光大数据发布的《一点资讯用户研究报告》显示,一点资讯男性用户占比达 56.9％,女性用户占比 43.1％;26～35 岁用户占比 48.87％,16～25 岁用户占比 38.16％,这两个年龄层是一点资讯用户的中坚力量。

五、金融服务类平台

（一）超级平台

微信:2021 年,微信还和支付宝平分秋色,2022 年微信支付领先优势拉大。线下场景中,移动支付用户较常使用的支付产品是微信支付、支付宝和云闪付,占比分别为 87.9％、85.3％和 80.3％。中青年用户是移动支付用户的主要使用者,年龄较大的用户群体稳中有升。其中,18～40 岁用户占总用户比例的 7 成,40 岁以上的用户占总用户比例的 3 成。

支付宝:支付宝自 2004 年成立以来,一直将"信任"作为其产品和服务的核心。自 2014 年第二季度以来,它一直是全球最大的移动支付供应商。

据《支付宝 2023 年度报告》显示,2023 年,支付宝上演出、电影票的交易金额同比上涨 223％。抽样显示,热门演出 90％的票都是在半分钟内被抢空的;71％的比例属于跨城观演,95 后占据了观演人群的主力。年轻人为了偶像愿意横跨一座城,他们拿着荧光棒跨越山海,只为奔赴自己的热爱。

（二）大型平台

理财通:理财通是腾讯推出的专业财富管理平台,2014 年 1 月在微信钱包上线,坚守合规、风控、精选、创新、稳健的发展理念,为数亿用户带来一站式、精品化、安全便捷的投资理财体验。

蚂蚁花呗：花呗全称是蚂蚁花呗，是蚂蚁金服推出的一款消费信贷产品，申请开通后，将获得 500～50 000 元不等的消费额度。用户在消费时，可以预支蚂蚁花呗的额度，享受"先消费，后付款"的购物体验。

《互联网金融对大学生网络消费行为的影响研究——以蚂蚁花呗为例》指出，在使用蚂蚁花呗的大学生中，男性占比 42.8％，女性占比 57.2％，分布合理，符合之前研究的男女大学生网络消费总体情况。此外，在年级分布上，大四和研究生的比例分别为 29.2％和 27.4％，高于大一和大二。这也表明，随着年级的上升，大学生接触新事物的次数增多，个人需求也在增加，因此在网络消费中更倾向于使用蚂蚁花呗。最后，文科生比理科生更喜欢使用蚂蚁花呗。这一数据不仅表明文科生对网购的态度更加包容，也证实了理科生相比文科生更少使用蚂蚁花呗或网购。

（三）中小平台

度小满：度小满财经即原百度金融。2018 年 4 月，百度宣布其金融服务业务集团已正式完成拆分融资协议的签署。拆分后，百度金融将推出"度小满"新品牌，实现独立运营。

据《度小满报告："95 后"关注数字资产和互联网理财"80 后""75 后"最爱炒股》显示，18 岁至 24 岁的 95 后在投资理财领域也最赶"潮"，更关注数字化资产和互联网理财，而 80 后、75 后最爱炒股。

京东金融：京东金融是京东数字科技集团旗下个人金融业务品牌，已经成为众多用户选择的个人金融决策平台。京东金融以平台化、智能化、内容化为核心能力，与银行、保险公司、基金公司等近千家金融机构，共同为用户提供专业、安全的个人金融服务。京东金融已推出白条、基金、银行理财、小金库、金条、联名小白卡/小金卡等在内的多种金融产品，涵盖理财、借贷、保险、分期四大业务板块。

六、计算应用类平台

TapTap：TapTap 是易玩（上海）网络科技有限公司开发的游戏社区（第三方游戏下载应用平台）。TapTap 是一个手游推荐平台，一个聚集了千万游戏玩家的社区。在这里你可以购买正版安卓游戏,通过其他玩家的评价发现好游戏,下载游戏。TapTap 提供 Android、iOS、Web 多平台的版本,用户覆盖全球 170 多个国家和地区。

据《TapTap 产品分析:看中国"Steam"激起千层浪》数据,TapTap 用户主要集中在 24 岁以下以及 25~30 岁之间,分别占比 40.18%、36.25%,即 TapTap30 岁以下的用户占比 76% 左右,为主要目标群体。对这类人群还有一个更加形象的标签——90 后、00 后,他们时间充裕,对新事物充满热情、乐于探索交流。TapTap 从用户年龄结构来说目标用户定位明确清晰,核心用户年龄主要在 15~30 岁之间以及 30~35 岁之间的 10% 左右的用户。

百度智能云:百度智能云是百度推出的一项云存储服务,已覆盖主流 PC 和手机操作系统,包含 Web 版、Windows 版、Mac 版、Android 版、iPhone 版和 iPad 版。用户可以轻松将自己的文件上传到网盘上,并可跨终端随时随地查看和分享。

据《百度网盘 8 周年大数据:男性用户更喜欢在深夜打开网盘》数据,2020 年度网盘人均数据存储量超过 200 GB,其中 95 后堪称"云端青年",平均数据存储量超过 1 TB,遥遥领先于其他年龄段,展现出年轻一代旺盛的个人云需求。

第三节　大学生的网络群像特征

当代大学生是充满理性和智慧的一代,他们思想主流积极向上,追求思想独立,易于接受新鲜事物,具有创新精神和担当意识。但另一方面,我们也应客观地看到,在物质产品极大丰富、精神文化生活绚丽多彩、网络技术迅速发展的时代,00 后大学生也存在着过于以自我为中心、缺乏信仰、受挫能力较弱等不足。为了深入探讨大学生的网络素养现状,本节从大学生的网络媒介形象特征、大学生的网络消费心理特征、大学生的网络人际交往特征和大学生的网络热点参与特征四个方面对当下大学生网络群像特征进行总体概括。

一、大学生的网络媒介形象特征

在网络时代，对网络发展响应最积极的莫过于大学生，大学生这样一个特殊的群体不可避免地受到网络的影响，从一定意义上来说，网络参与构建了大学生的基本形象。

（一）大学生的网络形象

"在任何时期，青少年首先意味着各民族喧嚣的和更为引人注目的部分"[①]。这种"喧嚣"与"引人注目"在很大程度上意味着年轻人在大众传媒中的被动地位和角色异化。

网络主流媒体在媒介建构中发挥了积极作用，积极引导和正面塑造了大学生的现实形象和理想意象，较多关注校园学习、就业创业、需求与救济、身心健康等方面的话题。另一方面，自媒体时代的到来，大学生的网络形象从新闻中的中性形象逐渐转向多元化。大学生成为媒体关注的焦点之一，不少新闻以猎奇、刺激、煽情为价值取向，有关大学生的负面新闻日益增多，出现了诸如过于开放、冷漠、世故、素质偏低等形象。大学生复杂多元的网络形象成为社会公众认知的主流。

（二）大学生形象的自我建构

从现实状况来看，大学生关于网络形象的自我认识和社会认识存在一定的偏差。网络媒介在塑造大学生的网络形象方面多少存在着偏差与片面，有相当一部分大学生已经意识到自身在网络形象上的被动性，新媒体的技术优势和民主力量使这种被动局面得以改观。随着新媒体外延的扩大及其技术的日益成熟普及，新媒体被大学生用于主动建构自身形象的可能性得到极大增强。大学生运用互联网技术带来的新技术手段和技术装置，以视觉表征逻辑和快乐原则建构自我形象成为主流。

---

① 埃里克.H.埃里克森.同一性：青少年与危机[M].孙名之译.杭州：浙江教育出版社,1998：12.

从这个意义上说,大学生自我建构的网络形象可被界定为:新媒体时代的大学生在一系列身份变化中,为了解他人所建构的媒介形象而娱乐性地、主动地运用新媒体手段对有关自身的图像符号、亚文化、城市空间进行视觉编码所形成的形象系统①。

二、大学生的网络消费心理特征

阿里研究院、淘宝头条联合发布的《全国重点大学网购排行榜》明确指出,网购已经成为大学生最重要的生活方式,年级越高,对网购的依赖度越高②。可见,大学生已成为当今中国最重要的网购群体之一。大学生消费心理的塑造和培养会直接地影响其社会观的形成与发展。因此,关注大学生消费心理特征并进行与之相适应的教育,使大学生树立正确的人生观、价值观,从当前来看是具有现实意义的。大学生的网络消费心理有如下几个特征。

(一)追求个性化和自主性

大学生群体网络消费行为的个性化体现在两个方面:一方面,消费行为个性化。与上班族、中小学生等群体相比,大学生群体在时间、资金上的受限更少,很多人喜欢利用网络去购买一些现实中不易获得的物品,为自己与众不同的爱好买单。另一方面,是消费商品个性化。大学生正处于喜欢追求新潮、敢于尝试的年龄阶段,相比其他网购群体,他们对商品的外观、新颖性、使用体验上的要求更高,他们喜欢通过自身商品的"特殊性"来彰显个性③。

大学生的心理与观念正由未成年向成年过渡,渴望独立,追求独立。网络购物的自身优势可以使大学生轻松获得商品的信息,大多数大学生倾向在购买前期反复思考,确定购物目标后也会征求他人意见、咨询大量的信

---

① 严亚.新媒体时代大学生媒介形象自我建构研究[D].西南大学,2015.
② 环球网.《全国重点大学网购排行榜》发布你的学校上榜吗? [EB/OL].[2016 - 06 - 27].搜狐,https://www.sohu.com/a/86462860_162522.
③ 张恩迅.大学生网络消费行为的人类学研究——以 ZS 大学为例[J].西南边疆民族研究,2017(2):199 - 207.

息、反复挑选等。

（二）追求性价比

毫无疑问,网络给大学生消费群体提供了一个庞杂的选择平台,但比较相伴选择而生,选择越多,"货比三家"的消费行为就越多。大多数大学生在校期间仍然需要父母的财力支撑,经济层面尚未独立,所以商品的价格和质量,成为他们考虑的首要因素。因此,那些物美价廉、性价比高的商品成为他们的首选。加上网上购物消费往往会比实体店的商品在价格方面更有优势,大学生完全可以使用比价、比质、比产地等手段来精挑细选,使得他们更加容易买到符合自身心理预期的商品。

另外,由于大学生期望降低网络消费的不确定性并感知风险,他们倾向于购买销量高、口碑好的产品,销售量、主播推荐、直播间互动等被建构为是产品质量的表征,大学生可以付出较少的认知努力和时间成本来完成决策,但也会因此陷入骗局[①]。更进一步说,"价廉"是多数大学生在进行网络消费时的首要考量因素,不考虑价格因素的大学生相对少很多。但是,"价廉"不等于"物美",大学生消费者把每月仅有的部分余额用于网购,显然他们不愿意接受其购买的实物商品、所享受到的服务是低质量的,"价廉物美"只是大学生消费群体网络消费的最理想目标[②]。

（三）从众心理

消费中的从众心理是指通过群体的行为影响个人的行为,消费心理和行为受到别人评价的影响,继而在消费行为上被带动。大学生在消费的过程中,往往会存在从众心理。在大学期间,学生处于一个大的群体中,相互之间的影响极大,某个事件或某种行为的传播速度极快。而大学生的交际心理是拒绝被孤立的,所以他们一般会去了解自己从未接触过的事物,以此

---

① 魏娟,施茜蕾.网络直播情境下大学生从众消费的心理机制研究[J].新媒体研究,2021(20):58-63.

② 吴杰.大学生网络消费行为的多维分析与特征透视[J].经济师,2017(10):59-60.

与大多数人达成一致,融合到圈子里①。

另外,大学生在购物时倾向于向群体了解购买信息,接受群体提出的购买意见,对群体保持着高度的信任感。在与群体交流的过程中,不断完善自身对产品的认知,节约选择产品的时间,使购物过程更加便捷,同时保证所购产品的性价比。

大学生喜爱追求个性的特质间接促成了大学生在消费购物的过程中倾向于得到他人对自己的关注和认可,这种心理容易演变为非理性的攀比和虚荣心理,从而出现从众行为。当然,大学生的网络消费心理也会有个性化的一面。大学生们追求新事物和新思想的意识比较强,在消费时也会追求新奇、张扬个性,以满足求"异"的消费心理。

三、大学生的网络人际交往特征

在网络信息时代,网络人际交往也成为大学生重要的生活习惯以及交往方式,大学生网络人际交往研究不仅是人际交往理论及实践、网络思想政治教育等学术领域研究的热点方向,更是新形势下进行日常思想政治教育、切实解决大学生成长难题的重要维度。

大学生网络人际交往是在校大学生在高新数字技术搭建的新媒体虚拟交往平台上,以互联网、宽带局域网为基础,以电脑、手机、iPad 为媒介,以数字化抽象符号为手段,运用一系列网络媒体社交工具,与亲人、老师、同学、陌生人传播各类信息、分享生活动态、熟络联系情感的新型交往互动方式。大学生的网络人际交往特征具有如下四个特征。

(一)交往工具多样性

传统的人际交往主要是面对面的,也有通过书信和电话等传统媒介进行的非面对面的交往,但是这种传统的非面对面的交往较多容易受到时空、天气、通信设施等客观条件的限制,交往速度不高,不能随时随地进行在线

---

① 王雅茜,吴文文.浅析"双十一"期间大学生的网络消费心理和消费行为[J].新闻研究导刊,2019(23):213-214.

沟通,从而影响双方主体的交往效果①。

网络交往没有现实交往的诸多限制,并且交往工具繁多。经调查,大学生使用的交往工具包括 QQ、微信、E-mail、微博以及其他各类手机社交App、各种网上即时聊天工具等。

(二)交往动机的多元化

大学生在交际人群抉择上,从自己的愿望和祈求出发,以自己的能力和方式,自主自愿地进行人际交往,建立自己的交际网。大学生自主性和平等性意识的增强,使大学生的生活、人际交往日益形成了一个纵横交错的网络结构。

大学生进行网络人际交往主要有三个目的:第一,加强情感联系。社会心理学研究表明,人的行为具有某种互酬性。"酬"既包括物质内容也包括精神、情感内容,即交往双方都希望自己能够"得大于失"或至少"得等于失"。大学生往往基于性格、习惯、观念乃至语言等方面的相似性而志趣相投成为朋友,没有特定的目的,相互之间注重的是情感上的价值,注重彼此思想上、情感上的交流,较少带有功利性。同时在情感性交往时,大学生交往的实践又发展出了新的情绪状态。第二,拓展人际交往范围。由于生理和心理的渐趋成熟,大学生交友的愿望强烈,学习及生活环境的改变使他们迫切需要结识新朋友和适应新环境,同时自主择业也使他们迫切想与人沟通,多方面获得信息。第三,满足精神需要。通俗地讲,这是一种"物以类聚"的交往。兴趣基于精神需要,大学生会在日常生活中不自觉地对同类型或相似类型的人产生交往的兴趣。他们聚集到一起,就会围绕相同的兴趣爱好展开话题。②

(三)交往范围的开放性

大学生的现实人际圈子有限,交往对象多以亲人、同学、朋友为主,现实人际网络就是熟人关系网。网络交往主体选择交往对象的自由度更高,随

①② 李易.大学生网络人际交往及其引导研究[D].武汉轻工大学,2016.

着大学生团体的活跃以及交往方式的丰富,以及当代社会的快速发展,会在积极意义上影响和促进大学生核心价值观的确立和坚定。生活在现实大社会和校园小社会的大学生,他们的人生观和价值观会随之发生丰富的变化并呈现多彩的表达。他们积极参加各种社会活动,努力拓展交往范围。他们交往的内容也不再局限于专业学习,除了寻求友谊、交流学习工作体会以外,还常常在一起探讨人生,传递各种信息,进行感情交流。他们常常以横向和纵向结合的方式进行交往与联系,打破校园、班级、社群的广泛联系,甚至利用和创造各种机缘、各种载体、各种方式进行社会联谊,以丰富自己实质的、精神的、网络的交集,积极努力把自己切近、融入大社会和整体校园,让自己的交集丰富多彩,使自己的生活、学习视野开阔,尽自己所能主动地跳出自我生活的小圈子,面向多元世界的机会。①

（四）交往状况的不平衡性

随着自我意识的增强,大学生对周围事物的评判带有较强的主观色彩,加上网络环境本身的虚拟性,陌生的网络人际交往不需要真实的姓名、年龄、性别等基本信息。在大学生的择友和交际中,一些人常常以自我为中心来处理新环境中的人际关系,在认识和评价他人时有主观、极端、简单化的倾向,从而导致大学生网络人际交往和谐程度不一致。

另外,贫富差距、生活地域及家庭环境的不同也会影响大学生的网络人际交往状况。比如,一些来自困难家庭的大学生在人际交往中较敏感、自尊心强,在经济生活的压力下出现自卑、自闭等心理问题,表现出交往被动,不敢与人交往、不敢加入学生社团组织的状况。

四、大学生的网络热点参与特征

网络热点事件一般指在现实中发生的热点事件经网络发酵并迅速传播,引起网民广泛关注、转发和持续讨论的网络事件,它是现实热点事件在网络场域中的复杂性呈现,与现实热点之间有着同源不同频、交互影响传递

---

① 范育铭.网络时代大学生人际交往的现实形态与困境缓解[J].大学教育,2019(11)：191-193.

的关系。网络热点事件依托网络的便捷性和受众的广泛性,使得其出现伊始,就呈现出传播几何量级的扩增,最终成为网民关注的焦点舆情事件,对互联网舆论生态带来深刻影响[①]。

网络热点事件的参与者涉及的范围非常广泛,各个社会阶层的人都可能以不同身份参与同一网络事件、发表不同的意见、采取不同的网络行为。在这些人群中,大学生网民是较为特殊的群体,他们作为网络热点事件的参与主体,在网络生活和群体特征等方面具有一些个性化的表现[②]。

通过分析大学生参与网络热点事件的案例,依照不同的参与程度,可将大学生参与网络热点事件的态度归纳为以下四个特征。

(一)消极围观

大学生通过网络获取信息的渠道越来越多元,包括网站、通信软件、社交网站和论坛等,更有甚者通过"翻墙"浏览境外网站。

大学生对于热点新闻敏感,好奇心强,关注的热点事件涉及社会、经济、政治等各个方面。从对网络热点事件的参与程度来看,这类关注属于消极围观。这部分大学生对网络热点事件仅仅浏览、点击或偶尔简短地发表评论观点。

(二)参与讨论表达观点

大学生网民参与网络热点事件讨论的主要形式是转发扩大影响、讨论,其目的是表达意见,抒发感想和心情。另外,参与网络热点事件的另一种更重要的形式是大学生网络意见领袖直接发表对公共事件的意见,除了公众人物,充当大学生网络意见领袖的更多的是有一定阅历、思考有深度的大学生。他们本身作为大学生群体中的一员,可以讨论贫富差距、教育公平、社交、深造、就业等与大学生息息相关的现实问题,更容易在网络上引发广泛的关注和讨论。

---

① 万力,曾禧.青年大学生参与网络热点事件的态度、归因与表现特征[J].齐齐哈尔大学学报(哲学社会科学版),2022(4):161-164.
② 李爽.当前大学生参与网络热点事件的主体特征和主要方式[J].思想理论教育,2013(17):72-76.

（三）积极制造网络热点议题

还有一些大学生对网络热点事件采取积极的态度，他们往往能从海量的信息中发现或制造大众关注的"公共议题"，引发舆论的关注。当然他们也属于网络意见领袖，其最初发布的信息可能是一则新闻、一张照片或者是一段对话，但他们对这些信息的加工和分析，却通常能触及社会的"痛点"，引发网友的转发、评论甚至"人肉搜索"。

这里需要额外说明的是，尽管部分大学生在以关注、评论、施加或遭受暴力等形式卷入网络暴力现象之中，但大部分大学生对网络暴力持反对和理性的态度，跟风施暴者很少①。

（四）政治参与度偏低

大学生参与网络热点事件中很重要的内容是政治参与。相比于互联网一般民众的"喧闹"，熟练掌握互联网知识和网络使用技能的大学生在网络上的政治参与并没有预期的热度。消极参与的占相当大的比例，这从侧面反映了大学生社会责任感较为薄弱的现状。

虽然大学生在建言献策甚至网上信访等方面参与度不高，但通过考察他们参与网络热点事件的情况以及在社交类网站上关注的话题，我们依然能够看到大学生网民的社会情怀和政治理想。

需要重视的是，受网络舆情的复杂多变性以及大学生个人思想认知的多变性影响，以上有关大学生参与网络热点态度的四个特征，并不是在某一时间段单一存在的。随着网络热点事件的发展，四个特征可能呈交替出现或反复出现态势，这就需要综合分析大学生态度复杂性呈现的多重导因，从而提高教育引导的精准性②。

综上所述，大学生的网络群像特征并非倾向单一化，而是呈现出多样化趋势。关于大学生网络形象，大学生的自我认识和社会认识存在一定的偏

---

① 易旭明，章岸婧，姚燕婷.理性与喧哗：大学生卷入"微博暴力"现象调查[J].中国青年研究，2019(3)：102-107+73.

② 万力，曾禧.青年大学生参与网络热点事件的态度、归因与表现特征[J].齐齐哈尔大学学报（哲学社会科学版），2022(4)：161-164.

差和明显的不一致。网络在塑造大学生的形象方面多少存在一些偏差，有相当一部分大学生已经意识到自身在网络形象上的被动性，并通过积极的自我建构试图改变被动局面。大学生的网络消费心理特征鲜明地体现了大学生想要追求独立的心理以及经济能力有限的现实情况，具有追求个性化和自主性、追求性价比的特征以及从众心理。大学生的网络人际交往特征则带有明显的开放性和时代性，可归纳为四个特征：交往工具的多样性、交往动机的多元化、交往范围的开放性和交往状况的不平衡性。大学生的网络热点参与特征更加复杂多样，分为消极围观、参与讨论表达观点、积极制造网络热点议题和政治参与度偏低。

第五章

大学生网络素养问题
呈现及原因分析

第一节　大学生网络素养现状

随着科学技术不断进步,信息化系统逐步完善,互联网建设愈加扎实,并以其广泛的覆盖面、巨大的影响力和潜移默化的渗透力全面而深刻地改变着人们的生活。网络凭借其快捷、便利的优势给大学生带来了发展、充实自我的机会,同时也对大学生的网络素养提出了巨大的挑战。大学生作为互联网的原住民,与网络的融合度较高,复杂网络环境也对大学生的网络素养提出了极高的要求。

"素养"指由训练和实践习得的技巧或能力,也可指平素的修习涵养,而"网络素养"这一概念正是随着"素养"内涵的扩大和网络的诞生、发展应运而生的。随着互联网被熟练运用,它以一种惊人的速度连通和传播各种信息和资源,在 20 世纪 90 年代中期,美国学者麦克卢尔(Charles R. McClure)首次提出"网络素养"这一概念,即"鉴别、评估与使用网络信息的能力"[①]。他认为网络是一种复杂的环境,在互联网社会中只有具备获取和利用资源的能力,才能够帮助人们更好地适应未来社会发展,更加高效地开展个人工作。如今,在全球化进程不断加快的背景下,科技愈加发达、信息传播越加现代化,网络素养的内涵得以深化、延展。众多学者从不同学科、不同角度对其概念及内涵进行分析和界定。

一、大学生网络知识素养的现状分析

（一）具备较好的知识获取、辨别和应用能力

当代大学生在十余载的学习中,已经具备一定的网络知识辨别素养和网络知识运用素养,在获取网络知识的过程中能够坚定维护国家主权、安全和发展利益,维护安定团结和谐稳定的社会环境;具备对网络错误思想的辨别能力,不参与网上非法组织的活动,不发布和传播抹黑党和国家形象、诋

---

① 麦克卢尔.网络素养:图书馆的作用[J].信息技术与图书馆,1994(2):115.

毁英雄烈士等错误言论,自觉抵御歪风邪气的侵蚀,敢于同网上的歪风邪气作斗争,坚决对网络不文明行为"亮剑"。同时高校应依托网络提升学生学习能力,助力大学生学会高效利用网络学习资源,增强"互联网＋"创新意识,积极实践和提升教育效果,拓展互联网教育资源开发利用,培养大学生的互联网思维和使用网络应用工具的能力,使网络空间成为大学生全面发展的"第三课堂"。

（二）大学生的网络知识素养缺乏系统性和创新性

不同于大学课堂上的系统专业知识学习,网络世界是一个巨大的资源库,拥有海量的知识资源,大学生可以随时随地学习各方面的知识。但是网络上的知识资源过于碎片化,没有完整的知识体系和知识结构,大学生无法进行系统学习;大学生对网络学习资源的利用度和深度挖掘不足,无法充分理解、吸收并运用网络知识。相关性是系统的不同部分的相互适应,而整体性体现在整个系统大于其各部分的总和。如果知识之间协调得好,则可能在已有的知识之间产生独到见解,在原有的知识体系中创新知识结构,产生新的认知。但是网络信息量之大,复杂程度之高,在快节奏的浏览学习过程中,大学生倾向于被动接受知识,而不是主动梳理、创新已有的知识,创造力偏低。因此,大学生的网络知识素养缺乏系统性和创新性。

（三）大学生网络知识素养逐渐偏向娱乐性

通过中国互联网络发展状况统计报告对网络应用发展状况的分析,大学生在使用网络时主要集中于基础类应用和娱乐类应用,短视频、外卖、网络游戏和网络文学的用户规模增长迅速。据调查,20％的男生更喜欢用手机进行娱乐活动或者看新闻资讯,36％的女生会在课堂上用手机购物。大学生对网络的认知和使用存在一定偏差,使得网络主要被用于订外卖、追剧、打游戏等,短视频的出现更是将大学生的注意力转移至网络,他们将作为学生学习工具的网络看作日常生活的娱乐手段,大学生网络知识素养呈现泛娱乐化倾向。

二、大学生网络道德素养的现状分析

（一）大学生的网络道德意识逐渐淡薄

大学生网络道德素养对于我国构建安全、文明、健康、清朗的互联网空间至关重要，坚持用问题导向来客观分析大学生网络道德素养现状十分必要。由于互联网的跨时空性和即时共享性打破了地域的界限和人们交流的界限，各类热点事件都会成为人们讨论的对象，各种观点层出不穷，网络生态环境变得复杂，对网络认识不够深刻的大学生道德信念感不足，他们的道德观念容易被偏激的观点带偏，进而陷入迷失困境。长此以往，对网络不道德行为习以为常的大学生在道德情感上也逐渐冷漠化，道德意识愈加淡薄。

（二）大学生网络道德失范行为多发

道德行为是在道德意识支配下表现出来的个人行为，网络道德意识的淡薄甚至缺失导致了大学生网络道德失范行为的发生。尤其是现实生活中来自学习、家庭的压力与网络世界隐蔽、自由的空间形成了鲜明的对比，更加模糊了大学生的道德界限，导致部分大学生做出一些道德失范行为。例如，有些大学生错误地认为抄袭论文只是借鉴他人观点或是认为浏览不良网站信息是一件正常的事情，甚至发表歪曲历史的言论等，不仅影响了其个人的思想道德观念，还造成了不良的社会影响。

（三）大学生网络道德规范存在缺位

为了更好地约束个人行为和维护良好的社会秩序，现实社会出台了一系列道德准则和规范，而人们在网络世界中也默认使用现实生活中的道德准则和规范。但由于网络的特殊性，现实社会的道德准则和规范在网络上的应用可能存在一定的偏差，在个别事件中会出现不适用的情况。一方面大学生个人自控力和辨别力不足，在做出道德失范行为时，常抱有侥幸心理无法实现自我约束；另一方面高校在网络道德教育方面仍未构建行之有效的育人体系，教育观念和方法的滞后，缺乏相关的课程建设，使得大学生网络道德教育体系不够完善,没能很好从根源上规范大学生的网络道德意识和行为。

三、大学生网络安全素养的现状分析

(一)网络安全环境不稳定

总体而言,当代大学生的网络安全素养较以往已经有所提高,但由于认识不足,高校对于网络安全素养的教育的重视程度还需要进一步提高。高校学生网络安全教育是一个要求政府、高校和社会各方高度重视并广泛参与的系统性工程。随着网络信息技术的发展,国家已经逐渐认识到对高校学生开展网络安全教育的重要性。但是,我国网络技术发展较西方发达国家落后,网络素养教育起步也较晚,没有形成全民重视网络安全素养教育的大环境。网络信息技术日新月异,也给网络安全防护带来了极大的挑战,基础设施问题以及软硬件、系统平台风险隐患也使得网络安全环境局部缺乏稳定。

(二)大学生对网络安全的重要性认识不足

绝大多数大学生对于网络安全事件都有所了解,但是由于缺乏对网络安全的重视,大学生大多不会深入探析网络安全事件发生的种类、手法和预防途径,低估现代不法分子的网络技术,认为网络安全问题不会发生在自己身上,对网络安全事故的发生抱有侥幸心理,放松对网站或是网上陌生人的警惕,从而酿成事故。除此之外,大学生个人隐私信息保护意识不强,经常在各类 App 和网站上使用自己的个人常用手机号、身份证照片等重要个人信息,给大学生个人隐私安全带来了极大隐患。且大学生对网络信息的鉴定能力不足,辨别真伪的方式极其单一,容易轻信网络上的虚假信息。当自身无法判断信息真假时,大学生倾向向同学、朋友求助,而不是及时与老师、公安机关联系,这进一步增加了遭遇网络安全事件的风险。

(三)学校网络安全素质教育成效较弱

大学生遭遇网络诈骗事件时常发生,各高校也时常对在校大学生进行线上线下的网络安全教育,但是由于各高校的网络安全教育内容和形式较为落后,多为讲座或是线上自学的选修课程,且课程内容枯燥、形式较为单一,网络安全素养教育缺乏吸引力和感染力,加之大学生自身的学习自控力不足,因此大学生网络安全教育的成效相当有限。同时,高校进行网络安全素养教育的师资力量不足,大部分教师也没有受过专门的网络安全素养教育训练,有些老师自身甚至也缺乏网络安全素养,无法有效辨别和预防网络安全事件,因此也难以满足学生的教育需求,从而导致教育成效不足。

四、大学生网络心理素养的现状分析

（一）网络影响大学生的自我认知

网络的飞速发展,给青年大学生的心理健康带来了前所未有的挑战。网络的匿名性、交互性和跨地域性等特点,给大学生提供了一个平等的身份,使其体验到超越现实的感受。但是由于网络环境的复杂性,大学生的心理问题频发,网络心理素质有待提高。在大学阶段,学生的自我意识还处于发展过程中,心理发育尚未完全成熟。从内在因素上看,当代大学生上网时间过长,经常性的熬夜改变了部分学生的情绪和身体状况。身体状况影响情绪,情绪影响认知能力,尤其是认知结构中的知觉、注意、记忆、推理、决策等都与情绪和身体状况密切相关。从外在因素上看,网络环境和网络角色通过影响大学生的人格特质,使大学生的需求、动机、个性、能力、态度、价值观等人格成分发生改变,从而对认知能力过程产生一定的影响。同时,由于学业工作上的压力,大学生倾向通过网络寻求自我身份、价值、地位的认同来满足自我需求和愿望,而网络环境和网络角色使大学生在现实和虚拟的不断转换中改变对自我的看法和评价,容易走向极端。

（二）大学生网络心理问题多发

网络为大学生的学习和生活带来便利、资源的同时,其弊端也逐渐凸显出来,人们对网络的依赖程度远远超过正常需求度,长时间脱离现实生活,有的甚至出现网络成瘾等心理障碍。虽然当前大学生大多能够合理、科学使用网络,自觉地控制自己的上网行为,能够利用网络促进自身的学习、交

往,抵抗网络的诱惑,但是也有部分学生过度逃避现实,重复使用网络,尤其是短视频 App 的出现,不断刺激部分学生因学业压力过大而紧张的脑神经,使他们沉溺于网络带来的兴奋感和愉悦感,长此以往,最终形成超出正常范畴的嗜好和习惯,时时刻刻对网络产生一种强烈需求,不上网就无法进行正常的学习,注意力无法长时间集中。例如,网络游戏成瘾的大学生,由于其自身心理调节机制较差,选择在网络游戏里逃避压力,借此获得现实生活中没有的成就感,从而丧失学习和工作的意志。网络人际关系成瘾也是当前大学生网络心理素质较弱的重要体现。当前部分大学生们沉迷于网络交往并将网络上的人际关系看得比现实中的人际关系更重要,热衷在网上与陌生人进行情感的交流和情感的宣泄,导致现实生活中的人际关系淡漠。这些问题从侧面反映出网络对部分大学生的心理素养产生了负面影响。

五、大学生网络法治素养的现状分析

(一)大学生网络法治认知有一定的提升

作为网民群体的重要部分,经过高等教育的大学生网民在网络法治行为方面表现较好,基本上能做到规范自身网络行为、严格自律,也很支持与法治相关活动的开展。一方面,大学生进入大学后对手机、网络支配的自由度大幅提升,扩展了大学生学习法治知识的渠道,增长了大学生的法治知识和素养,对于大学生拥有的基本权益及其维护有一定的了解,因此绝大多数大学生在权益受到侵害时会首先想到使用法律武器来保护自己。另一方面,从法治到法治,从"有法可依、有法必依、执法必严、违法必究"到"科学立法、严格执法、公正司法、全民守法",法治体系不断完善,尤其是从小到大的普法教育增强了大学生的法治认知。

(二)大学生网络法治意识与行为不统一

绝大多数大学生能够较好遵守网络法律法规,也会考虑自己在网络上的言行举止所产生的法律影响。但还是会有少部分大学生做出网络失范行为,在明知有违网络法治的情况下,下载或观看不良视频,传播不良信息,匿名发表恶意评论和诽谤他人,甚至盗用他人网络信息等。明知不可为而为之,部分大学生对网络的法治理念理解不够透彻,而网络的隐蔽性让这部分大学生对自己的行为抱有侥幸心理,由此做出有违法治的行为。

(三)大学生网络法治素养教育实践性不足

虽然当代大学生的法治意识有所提升,能够使用法律武器维护自己的权益,但是大多学生对法律的认识仅仅停留在认知阶段,法治教育也只停留在指导一部分法律条文和专业术语方面,难以真正付诸实践。各类普法教育也都只停留在宣传层面,不够贴近大学生的实际情况,针对性不强。且大部分高校除了法学专业的学生以外,其他专业的学生没有系统性的法治课程,只是作为辅修课学习一些法律的基础知识,教师也一般是由思想政治理论教师兼任,不能结合实际案例对法律条文进行专业讲解,这种单纯的理论教学,不利于大学生法治观念的形成。网络法治课程更是少之又少,鲜有老师接触过相关知识和概念,高校的网络法治素养教育成效不足。

第二节　大学生网络素养问题呈现及案例分析

当代大学生基本上出生在 2000 年之后。自幼便生活在信息时代的他们,对于网络的熟悉程度远超他们的父母一辈。手机、电脑等网络终端对他们来说几乎就是"外置器官",是他们感知世界、认识世界的重要途径。正是借助于网络这一利器,当代大学生在知识积累的速度和广度上都达到了前所未有的程度。值得注意的是,网络一方面极大地开阔了当代大学生的视野,但是与此同时,真伪混杂、汹涌澎湃的信息洪流也在不停地冲击着当代大学生的精神世界,影响着他们对世界的认识,进而影响着他们的网络行为和现实行为。本节将分析四个类型的典型案例,详细阐述大学生当前存在的网络素养问题。

一、网络沉迷

"沉迷"一词出自丘迟《与陈伯之书》的"外受流言,沉迷猖獗,以至于此"一句。广义而言,"沉迷"指的是对某些物质、行为或习惯具有强迫性、不受控制的依赖,一旦中断就会产生严重的情感、精神或心理反应。关于网络沉迷的研究认为,过度使用网络会产生依赖、沉迷甚至成瘾。网络沉迷主要表现为无节制地使用网络,强烈地渴望使用网络,以及一定的身体、心理损伤和痛苦。

案例

沉迷网络游戏

小林出生在一个家教极严的中产阶层家庭,自幼就生活在父母的严格约束之下。父母对他抱有很大的期望,为了让他成才,几乎对他的生活进行了全面的规划。在父母事无巨细的管束和自身的努力之下,小林顺利考上了一所重点大学。可突如其来的自由和丰富多彩的生活却让小林感到无所适从。性格孤僻的他一方面非常渴望主宰自己的生活,另一方面却非常害怕同陌生的外部世界进行交往。在这种矛盾的心理作用下,小林最终选择在网络游戏的世界中进行逃避。对于小林而言,网络游戏极大地拓宽了他的人生体验,它既满足了小林主宰生活的愿望,又有效地避免了小林与外部世界的交流。沉迷于游戏世界无法自拔的小林,逐渐出现了旷课、挂科等学业问题。面对严重下滑的学习成绩,小林虽然也曾试图振作起来,可是却已经无法控制自己。每天一睁眼,他依旧急不可耐地投入到游戏世界的冒险之中,之后又会怀着羞愧懊悔的心态结束一天的生活。小林追求对生活的完全主宰,最终却完全失去了对自己生活的实际控制。时光匆匆,几个学期之后,小林因为无法按时完成学业而被学校劝退。

注:案例为真实发生

在这个案例中,小林为了摆脱家庭给予自己的影响,同时也为了逃避陌生环境带给自己的压力,选择了在网络游戏的世界中进行逃避。显然,与现实世界相比,网络世界能给予他更多的"正向"反馈,使他产生了自己已经充分掌握自己人生的幻觉。

海量信息的快速传播是网络的基本特征,而在信息快速传播、人机快速交互的过程中,人们获得感官刺激和情感刺激的速率也在加快。这就导致人们在网络世界中比在现实世界中更加容易取得成就感。以学业为例,学生往往需要付出一个学期的艰辛努力,顺利通过最终的考试,才能获得短暂的成就感。而在网络游戏的世界中,完成一个任务或战胜一个敌人往往只需要几分钟。由此可见,网络世界给予人正向反馈的速率胜于现实世界,这是一条基本规律。

但是,必须指明的是,这种正向反馈在一般情况下仅仅是一种生理性和心理性的正向反馈,是一种简单的动物性的快乐。这种正向反馈并不能给予人真正的成长,而且这种正向反馈所能给予现实生活的帮助几乎为零。在上面这个案例中,小林最终因此而退学,付出了惨痛的代价。

趋利避害是生物的本能。当网络世界的"利"大于或多于现实世界的"利"时(虽然这种"利"只是表面的),舍现实而逐网络似乎就成了本能驱使下的必然选择。但人毕竟不同于动物。人与动物最根本的区别便在于人是具有理性精神的。在理性的指引下,人具有克制自身的意愿。对于网络的理性认识就是掌握自控力的基础和前提。在上面这个案例中,小林曾经在一定程度上意识到了自身的问题,这便是理性所起的作用,但小林终究并没能成功地改正自己的行为。可见,理性仅能起到认识层面的作用,要将认识贯彻为行动,还需要依靠意志力和方法论。没有坚强的意志力,就无法克服趋利避害的动物本能;没有正确的方法论,就无法实践理性所指明的前进方向。

网络世界对人的影响已经延伸到了现实世界。为了满足自己在网络世界中的欲望,甚至对现实世界进行了一定的破坏。在现实世界中的失控表现,已经不是缺乏理性所能解释的,而是由于自身认识错误所导致的。这里的认识指的是对世界观、人生观和价值观的认识,即对人的三观的认识。出于错误的认识,对自身的网络行为丝毫不加约束,最终造成不可弥补的损失。但网络仅仅是他们错误行为的场景,问题的根源或第一因素并非网络。但是需要引起注意的是,网络因其便利性和隐蔽性,为人的不正当行为提供了一个更具吸引力的场所。

可见,在网络世界中的自控能力与三观、理性、意志、方法论都有着密不可分的联系。

二、信息误判

网络社会庞杂浩瀚,网络信息鱼龙混杂,各种社会思潮交锋,各种利益碰撞,一些错误思潮、虚假信息、低俗文化对大学生有一定的潜在风险。虚假信息的产生虽是利益驱使的结果,但却考验着大学生对信息的甄别能力。

📋 案例

虚假舆论信息

一名一直活跃于各大网络聊天平台的大学生小王,有一天在浏览最近热门社会事件时,看到网民对某件事件的评论信息。小王并没有选择等待公安机关的官方的调查结果,也没有去确认事件的真实性,立刻利用自己网络博主的身份,带领其他大学生网络用户在各大网络平台掀起舆论,并且舆论在极短的时间内被引爆,呈现"一边倒"的现象。在看到有如此多的伙伴和自己持有一致的态度,他便在网络上带领和他一样义愤填膺的大学生同学"人肉搜索"事件相关人员。最后经过调查,小王未经判断转发虚假信息造成恶劣影响。

注:真实事件经适当调整

与小王相似的案例在现实生活中已经屡次上演,其中有不少都造成了相当恶劣的影响。此类事件反映出一个比较突出的问题,就是大学生在接收到网络信息后,往往不经仔细甄别便依据自己的主观判断做出过激的举动,比如像小王一样采取非法手段"人肉搜索"他人。在审视这类事件时,可以梳理出一个清晰的网络行为规律,即错误信息的产生—错误信息接收—

信息处理—行为后果。

在这个链条中,网络错误信息产生的原因五花八门,是被动接收信息的人无法掌控的。在无法改变整个网络生态的前提下,想要让大学生有正向的行为结果,只能着力于信息接收和信息处理这两个维度。

如前文所说,在网络环境中,信息接收似乎是一个被动的过程。现代人每天都被信息洪流所裹挟,每天都有大量的想了解和不想了解的信息挤进人们的脑海。但必须指出的是,这种被动性中依然夹杂着主动性,而这个主动性体现在对信息渠道的选择上。在这个遍地都是自媒体的时代,信息的权威性几乎荡然无存。这种现象一定程度上对于活跃文化氛围、打破思想束缚起到了很好的作用。当然,辩证地来看待这一现象时,不难发现旧矛盾的缓解和引发新矛盾的激化。思想是解放了,但标准却模糊了。在信息传播领域,其产生的直接后果就是信息质量的良莠不齐,信息内容的真假难辨。可见,不能对信息的权威性予以完全的否定,经过严格审查的、看起来略显呆板的传统信息渠道依然是获取权威信息的首选。

而在对信息进行处理时,大学生群体也因其涉世未深而又血气方刚,容易产生强烈的情绪反应。教育工作者应该积极引导学生正确地排解自己的情绪,理性思考,而不是通过过激的行为去宣泄,斩断情绪反应和过激行为之间的联系。

三、网络安全

互联网作为时代产物,为诈骗提供了新的舞台和土壤,使得诈骗的手段更趋于多样化。与传统的骗术相比,其本质虽然未变,但其手段的多样化也给防骗增加了难度。

案例

网络诈骗

某高校大学生小魏偶然看到了一则网络兼职工作的信息,即给商家刷信誉的工作,非常清闲,无需押金,并承诺每天至少可赚百元。

小魏非常心动,信以为真,开始了刷单。起初小魏每天都可以收到返还的本金和佣金,但是从第三单开始,客服就用各种理由推脱返现,并且要求小魏持续地刷单才可以回本。为了拿回本金,小魏只能继续刷单,刷单金额累计达数千元,而此时之前与小魏联系的客服已经消失得无影无踪,小魏这时才发现自己遇到了诈骗。

注:来自某银行金融防骗宣传材料

小魏的案例与小王的案例有着极大的不同。在小王的案例中,由于互联网使用者对互联网信息的误判,其对社会和他人造成了一定的伤害。而在小魏的案例中,小魏则成了互联网犯罪直接的受害者。此类案例与互联网有一定的关联,但关联并不十分大。因为此类案例说到底属于诈骗案件,古已有之。纵使其手段千奇百怪,套路五花八门,其本质上依然是利用人的逐利天性,诱之以利,最终使其落入圈套。

在互联网环境中,人与人无法面对面沟通,除了数据信息本身外,人无法通过传统的"察言观色"等手段对获取的信息以及获取渠道进行筛查,这就导致信息传递的单向性。互联网用户常常在海量的信息面前产生自己主导信息传递的错觉,殊不知自己只是信息投送方眼中的一个终端。在这种情况下,只有更加主动地对信息进行筛查才能减小自身被错误信息误导的风险。可见,当信息本身真假难辨时,对信息渠道和来源的筛选就显得尤为重要。

除了对信息真假进行判断、对信息渠道进行筛选外,互联网使用者本身的素养依然在整个互联网实践中占据重要的位置。面对同样的虚假信息,有些人会一笑置之,有些人则无法抵挡利益的诱惑。究其根本原因,还是在于个人的价值取向和思辨的能力。价值取向体现在一个人对于获取利益的方式的选择,他是选择君子爱财取之有道,还是为达目的不择手段;他是相信劳动创造财富,还是愿意赌上一把。思辨能力则体现在当他面对巨大的利益诱惑时,能否保持一个客观的、理性的态度去看待和分析。

四、网络道德

网络道德的主体依然是现实中的人,它是现实社会道德在网络社会的延伸。网络道德是基于网络技术而产生的新型道德,更强调网民的自律。而大学生作为网民中的重要群体,也存在着较为突出的网络道德问题,值得关注和深入研究。

案例

学 术 诚 信

　　小李是一名大二学生,这学期所选的一门课程中,任课老师给了同学们一个具有挑战性主题的期末大作业,让各位学生去创新、研究和实践,并撰写相应的课程报告、汇报资料。小李对此感到苦恼,认为这是一项非常困难的作业,因此决定先在网络上检索和查找一些资料。在信息检索的过程中,小李在中国知网平台发现了一篇论文与老师之前所定下的主题"完美匹配"。小李一时鬼迷心窍,做出了错误的决定:为了完成课程的期末作业并获得好成绩,小李照抄了该论文和其相应的研究结果并提交给了老师。任课老师在批阅课程报告的时候,发现了该报告的水平和一位大二学生的实际学术能力不相匹配,于是进行了查重,发现了这篇研究成果的出处。最终小李这门课没有通过,在任课老师的谈心谈话后小李也深刻认识到了自己所犯下的错误,这种抄袭既是严重侵犯了他人著作权的行为,同时也是对自己极其不负责任的一种表现。

　　注:来自真实事件、经适当改编

　　在这个案例中,小李的所作所为实际上是一种缺乏诚信的表现。而网络是这一道德问题所发生的背景。那么不禁要思考这样一个问题,即这个以网络为背景的道德问题与别的道德问题有什么不同? 需要指出的是,诚信问题实际上是人类伦理道德问题的表现之一。人类社会基于人与人之间的关系,所形成的一整套的伦理道德体系,是人与动物之间的一个重要差别。这种伦理道德关系在极大程度上塑造了每一个人的人格,使其之所以能成为人。处在这个世界上的每个人,只有在与其他人相处时,其人格才能得到充分地展现。这种展现清晰地标明了为人的特征,同时也清晰地划定了为人的界限。越是与他人交集深的人,其对伦理道德体系的遵从度也越高。

回顾历史,可以发现"路不拾遗""民风淳朴"的称赞多出自太平盛世,而"世风日下,人心不古"的感叹多出自社会秩序动荡之时。人只有生活在一个稳定的社会群体中,与他人保持密切的人际关系,才能建立起牢固的伦理道德体系。若是无法生活在一个稳定的社群环境之中,那伦理道德体系便也失去了土壤。

当今是一个社会生产力快速发展、人口大规模迁移的时代。无论是在工作层面,抑或在生活层面,人都无法长久地处在一个稳定的社群之中,人与人的关系极其不稳定。这种环境的变化必然导致了当代人伦理道德体系的变化。近 30 年来,互联网技术的快速发展一方面极大地拓宽了人与人之间的交流广度,另一方面却弱化了人与人之间的联系。人在网络上的道德表现出现了与现实社会中不同的发展趋势。

从事物发展的角度来看,这种变化是互联网产生和广泛运用的"附属品"。但人们依然可以发挥主观能动性去避免这种变化所产生的负面结果。从社会角度来说,我国加快健全网络法律法规,以法律的形式逐步规范网络行为,给网络道德划定了底线。政府的强制执行能力表现在人与政府之间的关系上,这种关系替代了原本人与人的关系。从个人角度来说,法律所划定的是网络行为的底线,而上限则是由其网络道德素养所决定的。由于当代社会和网络世界的不稳定特性,人们的道德伦理观念已经发生了变化。在这种情况下,高校的网络道德教育工作起到了重要的调节作用,值得引起高等教育工作者的关注。

在弗洛伊德的理论体系中,破坏性是人与生俱来的一种心理特性。但是,完善稳定的社会秩序可以对这种心理特性起到有效地压抑,致使其无法外显。这表明在网络世界中还没有形成稳定的社会秩序,网络法规没有对网络行为起到良好的约束作用。网络法律法规的完善还需要相当长的时间,在其尚未完善之前,人自主的网络道德建设对于约束网络行为起着决定性的作用。

加强个体的网络道德建设主要可以从两个方面着手,一是通过教育手段,对个体的网络道德观念进行塑造;二是增加网络世界和现实世界的连接程度,以增加网络世界的社会属性,为个体形成以社会为主体的伦理道德观念提供生存土壤。

五、网络法规

互联网是一个开放交互自由的空间,但并不意味着网络空间是法外之地。大学生的网络行为已经具备一些自发的、初级的法律素养,有一定的自律性,但不良网络行为仍时有发生,大学生的网络规则意识和法治意识仍需进一步加强。

> **案例**
>
> ### 违 规 翻 墙
>
> 　　小张是某高校的一名计算机专业学生,有一天他的一位同学找到他寻求帮助,该同学表示"我想要浏览一些国外的网站,下载一些资源,但没有权限,你是学计算机专业的,能否请你帮帮我"。小张看到朋友比较着急,一向热心的小张毫不犹豫地就答应了同学的请求,帮助这位朋友"翻墙"到国外网站解了燃眉之急。几天后,令小张和其朋友没有想到的是,小张因为使用"翻墙"软件接入某境外网络而被约谈。
>
> 　　注:来自现实案例

所谓的"翻墙",是指绕过相应的 IP 管理、内容过滤、域名策略、流量限制等,实现对网络内容的访问。在我国网民所称的"翻墙",一般是指绕开我国的法律管制,使用 VPN(虚拟专用网络)浏览境外服务器的相关网页内容。

互联网作为一个仅有几十年历史且依旧在日新月异地发展的技术领域,它的现实状态远远超过了它的意识状态。可以说整个互联网在过去很长的一段时间内都是一块"无主之地"。在这片由人类新开拓的领域中,秩序和规则仅仅存在于技术层面,而道德层面则一直处于落后状态。近年来,随着人们网络意识的逐渐健全,相关领域的立法工作也逐步展开。

而在这个过程中,互联网使用者的互联网意识良莠不齐,有大量的互联网用户依然将互联网视作法外之地。在习惯的作用下,他们有可能会做出违反相关法律的行为,想要尽量缓解这一矛盾,就需要尽力发挥个人的主观能动性,加强网络道德和网络法律意识教育。

网络世界在很长一段时间内都是一块"无主之地"。它的蛮荒特性不仅体现在秩序的缺失上,也体现在主权的空白上。与现实世界相比,网络世界有其独立的一面,但由于其物质基础、活动主体、素材对象均源于现实世界,所以现实世界的政治属性也必将衍生到网络世界。许多互联网用户在使用互联网时仅仅注意到了它相对独立的一面,而没有注意到它与现实世界之间紧密的联系。这部分群体误以为他们在互联网上的所作所为不受现实世界的管束,从而放松了对于自身行为的约束,更有甚者将自己对于现实世界的不满发泄在网络世界之中。网络的相对独立性给了这部分对现实怀有不满的人群以安全感,但是近年来,随着互联网主权边界的逐步确定,这块"蛮荒之地"也逐渐纳入了法治管理范畴。对于行于这块曾经的"蛮荒之地"上的人来说,将其在现实世界中的公民意识自主地延伸到网络世界,是避免与法律法规发生碰撞的最好的方法。对于高校的教育工作者来说,增强学生的互联网法律意识教育同样有助于其在网络上规范自己的言行。

第三节　大学生网络素养问题成因分析

研究新时代大学生网络素养问题具有极为迫切的现实意义。厘清症结方能对症下药,部分大学生存在的网络沉迷、信息误判、网络道德缺乏甚至网络违法等问题,可以从大学生自身、高校和网络本身三个角度来探究背后的根源。

一、大学生的心理与行为特点是主观原因

大学生正处于人生的"拔节孕穗期",需要精心引导和栽培。这一阶段的大学生群体,世界观、人生观和价值观正在打底塑形,只有充分汲取、科学滋养,人生才能够节节壮、步步高。大学生的心理发展尚不成熟,具体表现为认知水平、情感、态度、意志、品质都还在不断发展中,自我意识也处于不断强化的过程,时常存在着意志力、自信力、承受能力、自我管控能力以及社会责任感淡薄等问题,这一系列问题的根源则是大学生的网络素养问题。

（一）大学生自控力较差

追求强大的自我控制能力、追求坚强的意志品质是足以贯穿人生的经典课题。对于朝阳一般的大学生来说,这更是他们人生中一门异常重要的必修课。可值得注意的是,在现今的大学生群体中,自控力差、意志力薄弱的问题较为普遍,而这个问题又进一步导致大学生在网络世界中出现了网络沉迷问题。

自控力即自我控制的能力,是自律的一种表现,指的是个体对自身的冲动、感情、欲望的自我控制,以及面对一些事物问题、外界诱惑时进行的自我控制,控制自己不去做那些想做但是却对自身或他人有害的事情。缺乏自控力的个体难以控制自身行为,也无法做到根据相应的目标进行自律。

大学生在进入大学校园以前,依靠的是家庭和学校的管理和约束,并没有充分地锻炼自控能力。而进入大学以后,很大程度上脱离了家庭的管束,课业压力不如高中时繁重,大学的管理模式也更加宽松,因此大学生的自控力受到了严峻的考验。部分自控力较差的大学生,面对纷繁复杂的网络世界毫无抵抗力,掌控时间的能力、自我意志力、是非判断力处于较低水平,消磨了意志和斗志,因此面对集体行为和诱惑时,极易产生从众心理和模仿行为。在面对成长中的问题时,他们选择在网络虚拟世界中寻找精神寄托,麻痹自我,获得心理上的安慰。

从更深层次来看,大学生的自控能力差在于缺乏明确的人生目标,人生目标是对"人为什么活着"这一人生根本问题的认识和回答,也是人生观的核心。当大学生群体没有正确的人生目标作为指引时就会出现沉迷于网络世界、现实人生道路偏离方向等问题。只有确立了正确的人生目标后,在面对人生一系列课题时才能作出正确的选择,才能始终以积极进取、乐观向上的态度朝着正确的人生目标前进。

（二）大学生信息甄别能力不强

在前述案例中,有不少大学生网络素养问题的起因都是大学生对网络信息产生了错误的认识和判断,诸如误陷诈骗陷阱、传递虚假信息以及听信虚假信息并采取过激行为等,这些问题和案例都不同程度地反映出大学生信息甄别能力不强的事实。

对于教育工作者来说,仅仅对这一点有所察觉是远远不够的,只有深入地分析其背后的深层次原因才能在工作中有针对性地去解决这一问题。

毛主席曾经说过:"各种思想无不打上阶级的烙印。"[①]这句话说明任何话语信息都带有意识形态的烙印,所以,当一个人对信息的真伪作出判断时,其也对信息背后所隐含的意识形态作出了选择。一个政治立场坚定的人,不会被谣言诽谤蒙蔽双眼;一个相信劳动创造财富的人,不会被虚假的投机骗局所迷惑。

由此看来,大学生网络信息甄别能力不强的问题,本质上是大学生思想政治教育需要进一步加强的问题。而网络因为其本身信息传播力强的特点,使得这一问题在网络平台上更加突出。

互联网技术的发展使得外来文化借助网络平台变得触手可及,各种社会思潮和文化内容在网上渗透交织,这种多样化的价值观正淡化核心价值观的主体地位,对大学生的人生观和价值观带来冲击。此外,由于大学生的社会阅历和生活经验普遍不足,对于网络上的虚假信息辨别能力有限,缺乏客观理性判断和深层次思考,容易盲目跟风,从而被不法分子诱惑和利用,

---

① 毛泽东.毛泽东选集第 1 卷[M].北京：人民出版社,1952：272.

成为网络诈骗的受害者和网络谣言的传播者。

（三）大学生法律意识淡薄

网络所具有的虚拟、开放、隐蔽等特点，弱化了道德、法律对人们行为的约束，加之网络监管的滞后和法律制度还不够健全，这些就使得部分网络不良行为或不法行为难以被及时发现，对很多网络不法行为的查处难度也较大。

正因如此，受侥幸心理的驱使，一些大学生出现了网络道德缺失和法律意识淡薄的问题。他们错将网络看作是法外之地，不对自身的网络言行加以约束，肆意发布虚假信息和过激言论，窥探他人隐私，侵犯他人知识产权，部分学生甚至将网络作为自己宣泄负面情绪的窗口，任意谩骂和攻击他人，毫无顾忌地进行人身攻击，在网上煽风点火、信谣传谣，出现了一系列的网络素养问题。

抛开网络这一平台不谈，法律素养也是大学生全面发展的基本素养，利用法律知识可帮助大学生有效维护自身合法权益，履行自身应尽义务，这是大学生应该了解的基本常识。而当前绝大多数大学生对关于网络的法律法规意识淡薄，在网络行为中缺乏法律意识，难于遵守法律底线，对违法行为危害的认知度不够，同时容易情绪化，往往不考虑后果，做出过激的网络行为。如有些大学生在网络上言语攻击、辱骂他人，将现实中的不满发泄到网络平台，没有意识到自己的行为会对他人产生严重影响。大学生易受外界环境变化影响的这个特点导致他们在面对许多网络问题时轻易相信自身所看到的表面现象而不进行深入思考，缺乏理性分析，形成简单草率的网络行为模式。大学生对网络法律素养的重要性认识不足，在运用网络的过程中极易出现人格不健全、心理不健康等现象，更有部分大学生因此而走上了违法犯罪的道路。

二、学校和家庭教育有待完善是重要原因

（一）自主性教育有待提升

在有关大学生网络素养问题的案例中，存在着一个较为普遍的特点，那

就是出现网络素养问题的这些大学生,在他们的大学求学生涯中都不同程度地出现了迷茫厌学的消极心态。正因如此,他们才选择了投身网络世界来逃避现实世界的种种问题。在寻找解决学生网络素养问题的办法和途径时,不妨对其不恰当的网络行为背后的深层次原因进行分析,从而找到解决问题的有效途径。

当代大学生是经历了十几年的埋头苦读才得以进入大学校园的。考入大学以前的学习生涯无疑是十分艰苦的,这种艰苦的学习生涯一方面确实为他们的能力打下了坚实的基础,但不可忽视的是,他们也还只是一群心智尚未成熟的年轻人。他们在中学学习中所承受的繁重的学习压力并不会凭空消失,只会在他们身上一点一点地累积。在中学时代,学生在内部积累的这种压力,受到了家长和学校在外部施加的压力和约束,可以说内外压力保持着一种动态平衡。也正是处于平衡状态的内外压力,共同驱动着学生努力学习,为考入一所理想的大学而奋斗。

进入大学以后,学生所受到的来自家长和学校的压力陡降。再也没有人会以强有力的方式对其行为进行约束,内外压力的平衡被瞬间打破。学生在前大学时代所积累的内部压力必然会集中性爆发。通过典型案例的分析不难发现,学生在中学时代所累积的内部压力主要由两部分构成,一是繁重学业所造成的疲劳感,二是高考所造成的紧张感。

大学生对于学业的疲劳感是易于理解的,在经历了漫长而又艰苦的中学时代的寒窗苦读后,他们的身心确实已经达到了一个相当疲惫的地步。当他们拖着疲惫的身心,去面对实际上更加困难的大学学习内容时,厌学心理的产生是自然的。值得一提的是,厌学心理的产生虽然有之,但还是有大量的学生能够做到自我约束。对于这部分大学生,可以认为他们经过中学时代的学习训练,已经养成了自主学习的习惯。但也不能简单地认为这些学生已经完全实现了学习的自主性。对于那些无法进行有效的自我约束的大学生,在疲劳感的驱使下,他们自己放弃了在学业上的求索,并且有很大一部分学生选择了躲进网络世界进行逃避。

高考所造成的紧张感是一种有关人生目标的紧张感。很难再找到一个时期像初中或高中阶段这般目标明确了。对于一个初中生来说,在他为期三年或四年的初中求学生涯中，目标只有一个，那就是考入一所理想的高中；对于一个高中生来说，在他为期三年的高中求学生涯中，目标也只有一个，那就是考入一所自己梦寐以求的大学。与这种异常明确的目标相伴随的，是"千军万马过独木桥"的巨大压力。而且，更加需要引起教育工作者注意的是，这种明确的目标往往伴随着外界的压力。正是在这种有压力的目标的指引下，如今的大学生在他们的初中和高中时期，才能以一种精神高度集中的状态投入学习。但是这种人生目标上的紧张感在进入大学之后几乎消失于无形了。与高中时代相比，大学提供给学生的是一个相当广袤的人生前景，广袤到学生很难在众多的选项中选出适合于自己的道路。原本明确而又伴随着压力的人生目标转瞬之间又变得难以把握。这些对人生感到迷茫的大学生，很多也会选择进入网络世界进行逃避。而通过上文的论述不难发现，大学生沉迷于网络的深层次原因在于其丧失了人生目标，他们特别缺乏对自己人生目标的主动思考和选择。

可见，沉迷于网络世界的大学生至少在两个维度上表现出自主性的缺失：一是在思想层面，他们普遍缺乏一种自主选择人生道路的自觉性。特别是对于进入大学以后的学习目标，乃至对于大学毕业后的人生目标都缺乏自主思考；二是在实践层面，他们普遍缺乏一种能够持之以恒的自主的学习习惯。如果没有外界对其行为进行约束，他们难以凭借自己的意志去持续地推进自身的学习之路。学生在思想和实践两个维度上自主性的缺失，并不能简单地将其归咎于学生自己"不争气"。作为教育工作者需要思考的是学生之所以会在大学学习生涯中表现出自主性意识差并沉迷于网络的原因，以寻求在教育中解决这种问题的途径。

通过前文的叙述，其实对于这个问题的答案已经是显而易见的了。学生自主性差的根源就是中学时代繁重学业所造成的疲劳感和高考所造成的紧张感。这种巨大的外界压力先是在学生心中积聚起了与之相当的内部压力，随后外界压力的突然消失又导致了学生内部压力的集中爆发。这种现象所反映出的便是教育体系中自主性教育缺失的问题。在中学时代，教育体系似乎从来都不关注学生自己想要去达到怎样的人生目标，也很少关注如何去引导学生寻找自己的人生道路，更不用说关注如何让学生自己养成不断提高自己的习惯了。这种缺乏自主性教育的教育方式可以说是为大学生沉迷网络世界埋下了隐患。而如何去弥补这一点，是值得教育工作者深思的问题。

（二）实践性教育仍需深入

大学生是网络议题的重要参与者，是网络舆论的重要组成部分。与上班族或中学生相比，他们拥有更多的精力和闲暇去关注和参与网络议题。但是在参与网络议题时，大学生的观点在整体上却表现出一种与现实相脱节的倾向。这种与现实脱节的倾向主要表现在两个方面，一是其观点倾向于一种坐而论道式的观点，其所持的理论往往与实际情况不匹配；二是其观点倾向于一种情感抒发，更加注重于情感的宣泄而不是问题的解决。存在于大学生认识和现实之间的差距以及感性而非理性的表达，导致他们在面对网络信息时无法作出正确的判断，进而也就影响了他们的网络行为。

关于大学生倾向于坐而论道式的表达这一点，相信很多高校教育工作者对此都深有感触。特别是在曾经的疫情环境下，作为一线教师，在推进相关工作的过程中往往会遇到学生对于相关政策的质疑。在各种网络社交平台上，也时常见到学生针对政策发表的"小论文"。不同专业背景的学生往往会立足于他们自身的专业知识，从社会学、生物学、法律学、信息传播学等各种五花八门的角度对政策进行抨击。他们的观点乍看起来确实没有问题，但无助于解决实际问题。如果这些学生将自己的观点通过网络平台散播出去，就可能产生更为恶劣的现实影响。凡此种种，不胜枚举。

与其他网络群体相比，这个群体由于年龄和所处环境的影响，情感更加丰富，个体意识更强，因而也更加善于和倾向于对自身的情感进行表达。二十岁左右在人的一生中正是血气方刚的阶段。在这样一个血气方刚的年龄，遇上网络世界中的种种是非，他们的情感世界也必将随之掀起一阵阵的波澜。即使是一个非常成熟的成年人，在遇到网络世界中的是非问题时，依然难以做到客观公正，更何况还处于三观未定形状态下的大学生。但是这并不代表应该对这种感情用事的态度予以放任。作为教育工作者，引导学生客观公正地认识这个世界是重要使命。为了达到这一目的，有必要对大学生趋向于感情用事的原因进行分析。

《庄子·齐物论》曰:"夫随其成心而师之,谁独且无师乎?"这句话的意思是每个人基于自己固有的认识,对世界都有一套评判标准,没有人不是这样。那么,一个人越是从自身的角度出发去看待问题,他对事物的认识就越趋向于偏见,越背离客观真理。与之相反,一个人越是能从不同的角度去看待问题,那么他对事物的认识就越趋向于全面,越接近客观真理。对于一个人来说,随着年龄的不断增长,其家庭和社会身份也会增多。多样性的身份会促使一个人从多个角度去思考和看待问题,进而对问题的看法也会随着阅历的增长而变得客观全面。而对于大学生来说,他们基本上只有两个身份,一个是家庭内的子女的身份,一个是社会上的学生的身份。作为子女,现今的大学生普遍都是家中的独子,自幼就受到家庭的百般呵护。在这样的环境中成长起来的人一般都具备极强的个体意识。而作为受过高等教育的大学生,他们又有着一套属于自己的对理想世界的构想。当极强的个体意识与理想化的世界构想相遇时,便会创造出一个有着细腻情感的乌托邦世界。这个存在于大学生个体心中的,有着细腻情感的乌托邦世界,在网络世界信息洪流的冲击下必然会回之以激烈的情感冲撞。

通过上面的分析,不难发现大学生在面对网络问题时所表现出的坐而论道和感情用事的表象背后的深层次原因,是其实践经历缺乏和社会身份单一。而这也反映出了教育体系存在实践性教育有待完善的问题。无论是家庭还是学校,几乎都对实践性教育抱之以应付的态度。如果把学习也看作一项工作的话,在中学时代十多年的教育历程中,学生几乎没有从事过学习之外的其他工作。除了子女和学生的身份外,他们对其他的社会身份及其所要承担的义务和责任也全无了解。

（三）价值观教育有待深化

网络于人而言,始终只是工具。使用工具的态度和目的会对结果产生根本性的影响。在大学生网络素养相关问题中,涉及网络道德和违反网络法规的问题比较集中。在这一类问题中,大学生或借网络造谣生事,或对他人进行言语攻击,或对他人隐私进行窥探,凡此种种,无一不反映出其存在的价值观问题。

如果依据大学生进行网络活动的目的对上述问题进行简单的分类,可以将大学生的网络道德和法律问题分为两类,一类是由逐利引起的,一类是由宣泄引起的。

所谓由逐利引起的问题,实际上就是指学生通过网络平台获取不正当利益的问题,这一点与当下的社会环境有着极大的关系。改革开放以来,我国以经济建设为中心,不断开放市场,积极投入全球化建设。这些举措,一方面极大地改善了老百姓的物质生活条件,但另一方面,在社会思想领域,也面临着理想信念动摇、多元价值冲击、金钱至上等一系列问题。这一代的学生正是在这样一个环境中成长起来的,与他们的父辈相比,他们对财富有着更为浓厚的兴趣。当然,"君子爱财,取之有道",对利益的追逐不能跨越道德和法律的底线。况且,从教育工作者的角度来说,也绝不愿意看到自己的学生变成唯利是图之人。

在前文所列举的案例中我们已经看到了一些由逐利甚至贪婪所引发的严重后果。这些大学生在给自身、家庭、学校造成伤害的同时,也给社会带来了不小的危害。可见,加强大学生的价值观教育的意义绝不单单体现在网络素养相关问题上,更体现在关乎教育成败的根本性指标上。

除了利用网络谋求经济利益的学生外,还有一部分学生也会因为价值观不健全而产生网络素养问题。不过这部分学生的动机多是出于宣泄自身积累的压力或情绪。网络世界的匿名性为他们提供了现实社会所没有的掩护,而他们则利用这层掩护造谣生事、攻击他人。这部分学生是网络素养问题相关学生群体中最为棘手的一部分。与其他学生不同,这部分学生的网络行为明显具有极强的主动攻击性。他们或因为学业的巨大压力,或因为情感遭受的挫折,或因为家庭遭遇的变故,或因为执着于某些社会议题,而选择在网络世界中将自身积累的压力和主张进行肆意宣泄,全然不顾是否会对他人和社会造成伤害。这种行为反映出的反社会倾向是值得教育工作者予以高度重视的。

《三字经》曰:"人之初,性本善,性相近,习相远。"那些在网络世界中做出过激举动的大学生,究竟是出于什么样的原因以致在他们的心中积蓄起了逆反的种子呢？引导学生树立正确的价值观和远大的人生理想,仅靠言传显然是不够的。与实践相比,理论的分量还是过于轻了。应当在教育过程中将价值观教育融入实践教育,在实践中收获正向的反馈。

三、复杂难辨的网络环境挑战是客观原因

（一）网络的虚拟性

网络不过是近几十年才诞生的新鲜事物,但它的发展速度和给人类社会所带来的影响却是前所未有的。在短短几十年的时间中,人类就在这个虚拟世界里开辟出了足以与现实世界比肩的疆土。虚拟性是网络社会的独特表现,其基本特点是行为者所处的交往环境在真实世界中并不存在。大学生可以脱离现实世界的束缚在网络中体验自己感兴趣的一切,于是其在网络空间中的行为相较于现实就可能发生偏差。在网络社会中,人格呈现虚拟化,彼此的身份是隐蔽的,缺乏外在的约束与牵制。虚拟人格易造成道德意识弱化、行为随心所欲,使人以自己的感受作为行为选择的标准,进而产生网络行为与道德失范的现象。网络的虚拟性,是灰色活动和非法行为的天然温床,是滋生大学生网络素养问题的客观基础。

（二）网络的开放性

网络拥有很高的自由度和很强的开放性,可以在任何地方发表意见和观点,也可以将信息发送到世界的任何角落。基于此,网络为网民个体自身体验的表达、情感的宣泄等提供了一个极度自由的空间,即便是最内向和腼腆的人也不会拒绝网络所提供的天然条件。网络世界中,不同的人怀着不同的目的,在网上传播着各种各样的消息。而网络中所充斥着的与主流价值观相悖的信息也会使得大学生陷入迷茫,使其对既有道德和价值观产生怀疑,从而导致行动的散漫和失控。某种程度上看,网络的开放和自由引发了大学生的网络素养问题。

（三）网络法治建设亟待健全

互联网的快速发展已经成为当前整个社会最大的技术变革和基础变

革,以互联网为核心连接模式的一种新的社会形态——网络社会正在形成。网络社会不仅改变了传统社会单一的通信模式,而且以创造新的空间形态、新的社会结构和新的社会个体,构建出了新的人类社会模式。构建面向新的人类社会的网络文明阶段与形态,是当前需要迫切进行研究与探索的问题,在构建网络文明的进程中,首要关键是形成网络文明的秩序体系,而秩序体系的构建则需要以社会安全作为基础,以法治为最终保障。党的二十大报告提出的"健全网络综合治理体系,推动形成良好网络生态"新部署新要求,当前网络综合治理工作面临着诸多新挑战新课题。网络治理形势依然严峻,网上舆论生态、网络安全、数据安全等领域处于应对战略承压前端、防范风险挑战前沿,各种"黑天鹅""灰犀牛"事件随时可能发生。应对技术、经济和社会发展带来的挑战,网络法律体系建设也应当加快步伐,进行前瞻性规划部署。数字时代的网络立法对于全球各国来说都面临着巨大挑战,是一个新的研究领域,不断出现新的议题。我国网络立法已经积累了一定的经验,逐步同国际接轨,在营造风清气正的网络环境中发挥了重要作用。面向数字时代,如何把握立法节奏,仍然需要更多的理论研究和实践探索。

第六章

大学生网络素养教育

第一节　大学生网络素养教育的现状

目前,我国关于大学生网络素养的教育尚处于起步阶段,已有较多学者对网络素养内涵及其教育路径进行了研究,国内高校从课程、教材与日常教育等方面进行了积极探索,但在顶层设计、要素整合、机制建设、队伍培养等方面仍存在不足,应在社会、学校和家庭教育层面加大建设力度。

通过有效梳理大学生网络素养在教育上的理论研究、实践现状与现存问题,能够为我国高校开展网络素养教育提供有力支撑,同时,媒介素养与信息素养教育理论又能为提升网络素养教育质量提供保障。

一、大学生网络素养教育的现状概述

国外较早开展了大学生网络素养的教育研究与实践,已形成一定的成功经验与理论成果,这为我国开展大学生网络素养教育提供了一定借鉴。

(一)大学生网络素养教育的研究

美国学者麦克卢尔(Charles R. McClure)最早提出了"网络素养"这一概念,并将网络素养视为信息素养的一部分。麦克卢尔认为网络素养主要涉及知识和技能两个层面,具体表现为网络知识的正确判断和应用以及网络技能的有效使用。然而,对于网络素养的内涵则有诸多争议,有学者针对网络素养概念的演进做了归纳,详见图 6-1。虽然网络素养内涵界定并不统一,但其基本特征则有一定共识,主要包括四点:一是普遍性,网络素养是数字化网络时代下个体需要掌握的基本素养;二是实践性,网络素养具有能够帮助个体实现在网络中生存和发展的功能;三是民族性,网络素养具有本土化特征,与文化和价值观密切相关;四是发展性,随着网络的发展和时代的进步,网络素养的内涵也处于不断的变化和发展中。

在网络素养教育的研究上,国外学者针对不同的群体分别从网络素养教育、管理、服务体系、策略和问题预防等方面提出了建议,这些群体包括儿

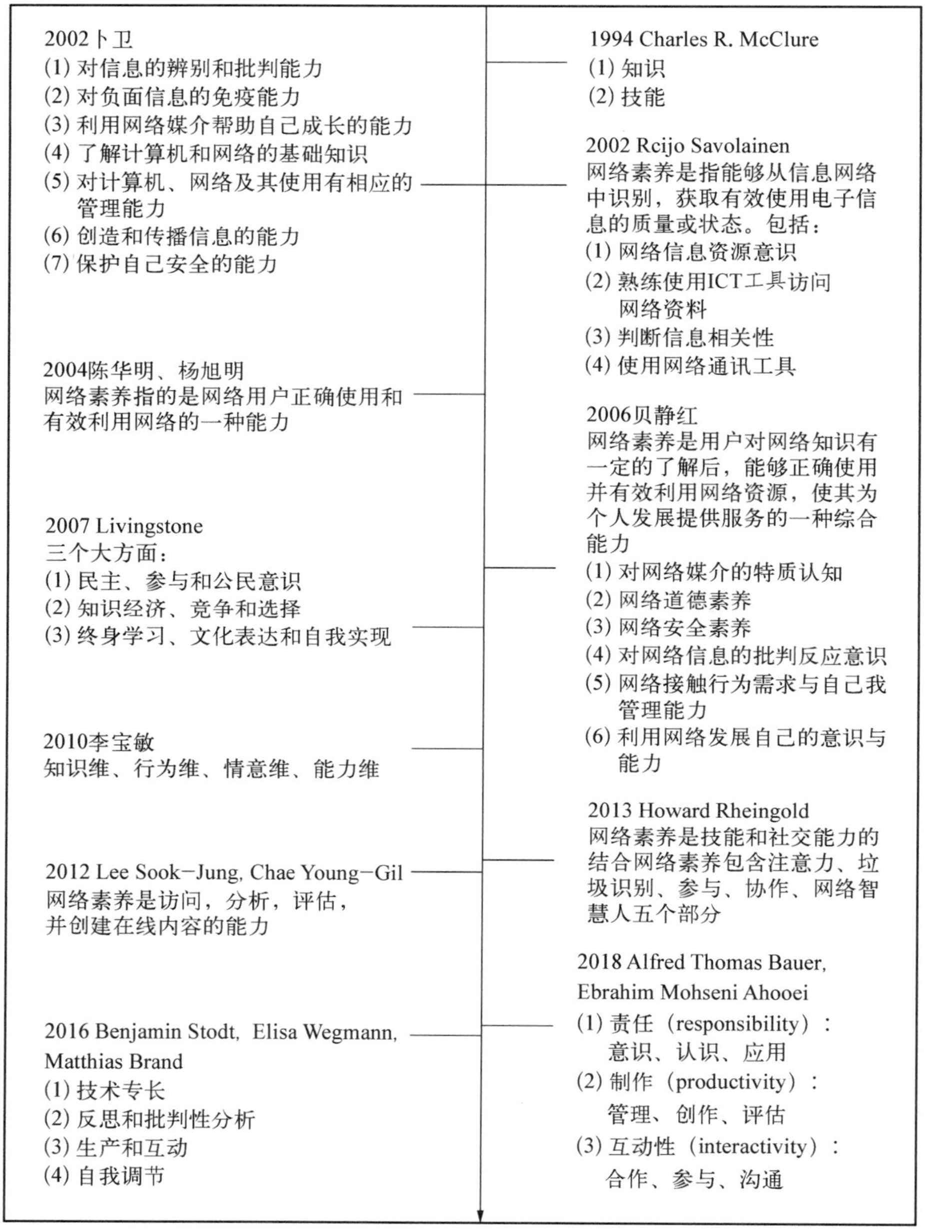

2002 卜卫
(1) 对信息的辨别和批判能力
(2) 对负面信息的免疫能力
(3) 利用网络媒介帮助自己成长的能力
(4) 了解计算机和网络的基础知识
(5) 对计算机、网络及其使用有相应的
    管理能力
(6) 创造和传播信息的能力
(7) 保护自己安全的能力

2004 陈华明、杨旭明
网络素养指的是网络用户正确使用和
有效利用网络的一种能力

2007 Livingstone
三个大方面：
(1) 民主、参与和公民意识
(2) 知识经济、竞争和选择
(3) 终身学习、文化表达和自我实现

2010 李宝敏
知识维、行为维、情意维、能力维

2012 Lee Sook-Jung, Chae Young-Gil
网络素养是访问，分析，评估，
并创建在线内容的能力

2016 Benjamin Stodt, Elisa Wegmann,
Matthias Brand
(1) 技术专长
(2) 反思和批判性分析
(3) 生产和互动
(4) 自我调节

1994 Charles R. McClure
(1) 知识
(2) 技能

2002 Rcijo Savolainen
网络素养是指能够从信息网络
中识别，获取有效使用电子信
息的质量或状态。包括：
(1) 网络信息资源意识
(2) 熟练使用ICT工具访问
    网络资料
(3) 判断信息相关性
(4) 使用网络通讯工具

2006 贝静红
网络素养是用户对网络知识有
一定的了解后，能够正确使用
并有效利用网络资源，使其为
个人发展提供服务的一种综合
能力
(1) 对网络媒介的特质认知
(2) 网络道德素养
(3) 网络安全素养
(4) 对网络信息的批判反应意识
(5) 网络接触行为需求与自己我
    管理能力
(6) 利用网络发展自己的意识与
    能力

2013 Howard Rheingold
网络素养是技能和社交能力的
结合网络素养包含注意力、垃
圾识别、参与、协作、网络智
慧人五个部分

2018 Alfred Thomas Bauer,
Ebrahim Mohseni Ahooei
(1) 责任（responsibility）：
    意识、认识、应用
(2) 制作（productivity）：
    管理、创作、评估
(3) 互动性（interactivity）：
    合作、参与、沟通

图 6 - 1　网络素养概念时间演进图[①]

① 王伟军,王玮,郝新秀等.网络时代的核心素养：从信息素养到网络素养[J].图书与情报,2020
（4）：45 - 55＋78.

童、青少年、学生、成年人等。研究者通过探究网络素养、年龄和责任心在网络成瘾和网络欺凌中的作用,发现网络素养中自我控制能力较低与网络成瘾的严重程度有关,为了预防网络成瘾和网络欺凌问题的产生,建议教授反思能力和规范性的技能来补充现有网络素养的课程。社交媒体的使用和大学生网络素养之间存在因果关系,并且大学生网络素养会受到社交技能和性别的影响,把社交媒体和网络素养、社交技能结合起来产生的协同效应有助于促进信息教育。

国内网络素养教育指向的实践需求使政府、学校、家庭和社会各界都给予了足够的重视,并不断努力来发展和完善网络素养教育。在网络素养教育中,主要针对的群体有儿童、青少年和大学生,其中关于大学生的研究最多,但在00后、10后等数字原住民诞生以来,儿童和青少年的网络素养问题逐渐受到研究者的关注。国内网络素养教育研究主要从教育学和新闻传播学的角度展开,涉及网络素养教育、媒介素养、思想政治教育等主题。相关研究大多是调查分析网络素养现状并提出相应的对策和提升路径,或是对如何构建网络素养教育体系进行研究,也有学者通过对比国内外网络素养教育的差异对国内网络素养教育提供启示。

相较而言,国内学界对大学生网络素养教育的研究相对较少。自2004年国内学者提出加强大学生网络素养教育以来,"网络接触和使用的偏离行为""网络的失范""无节制上网"等仍是当前网络育人中最为凸显的问题。[1]有学者将此现象归结为制度保障缺失、教育师资培训滞后和网络素养的实践工作不到位[2];也有学者认为问题的根源在于网络思想政治教育形式相对单一、资源相对贫乏,信息环境相对复杂[3];还有学者从教育和学生实际出发,认为"信息媒介的开放性及信息内容的多元性""大学生网络化生存强调主体性和选择性""传统思想政治教育已难以弥合网络公开课等数字化资源带来的大学生与大学教育之间的'网络鸿沟'"和"大学生表达场所的虚

---

① 燕荣晖.大学生网络素养教育[J].江汉大学学报,2004(1):83-85.
② 欧阳九根,刘文献,梁一灵.大学生网络素养教育存在的问题与对策[J].教育与职业,2014(14):175-177.
③ 从蓉.关于增强高校网络思想政治教育实效性的思考[J].教育与职业,2014(24):64-65.

拟性和交往方式的网络化"是大学生网络素养教育难以有效提升的主要因素①。

针对上述问题,学界对大学生网络素养的教育路径进行了深入探讨。有学者结合课程实验研究当前大学生的网络素养,指出网络素养教育迫切需要走进课堂②,并进一步提出将网络素养教育融入"大学生计算机基础""思想道德与法治"和"大学生心理健康教育"等公共课程中,以此提高普及性和可操作性③。持相同观点的学者认为,网络素养教育应运用"国家—地区—学校"三级课程体系来打造网络素养课程发展框架。首先需要在现有的课程体系上明确增加网络素养教育课程,增强大学生的网络素养技能与网络资讯思辨能力。其次需要明确我国网络素养教育的目的在于使学生掌握适应网络生活的网络认知与技能,促进资讯评估素养、网络伦理素养、网络安全素养的提升。最后在课程组织与实施方面,需要将网络素养融入多学科的教学当中④。

学校教育对于网络素养具有不可替代的优势,而学校管理承担着至关重要的引领作用,学校管理应加强校园网络平台的建设,推动校园网络文化的多元化建设,加大教育经费在网络素养方面的投入,推进教师网络素养队伍的建设,有效提升教师队伍整体网络素养⑤。对此,有学者提出应将网络素养教育与育人工作紧密结合,构建有效的网络素养教育体系,培养网络素养教育师资并打造网络素养教育品牌⑥。同时,还有学者认为网络素养的建设离不开网络舆情的引导,这需要学校管理建立健全组织保障机制,加强部门之间的联动与配合⑦。近年来,学者们也越发重视重大事件对大学生网络素养提升的作用研究,如以改革开放 40 周年、新中国成立 70 周年、中国共产党成立 100 周年等重大事件,对大学生进行有针对性的网络素养教

① 滕建勇,严运楼,丁卓菁.大学生网络行为状况分析及教育对策[J].思想理论教育,2015(5):81-84.
② 梁丽.大学生网络素养提升的课程实验[J].教育评论,2014(5):84-86.
③ 梁丽.大学生网络素养教育的融合式课程探索[J].学校党建与思想教育,2021(1):79-81.
④ 张学波.媒体素养教育的课程发展取向研究[D].华南师范大学,2005.
⑤ 武文颖.大学生网络素养对网络沉迷的影响研究[D].大连理工大学,2017.
⑥ 叶定剑.当代大学生网络素养核心构成及教育路径探究[J].思想教育研究,2017(1):97-100.
⑦ 王灵芝.高校学生网络舆情分析及引导机制研究[D].中南大学,2010.

育。总之,大学生网络素养教育在目标、内容和路径的研究上已有一定成果,但与系统性、科学性等高层次要求存在着较大差距。

（二）大学生网络素养教育的实践

国外网络素养教育实践开展时间较早,美国、加拿大、新加坡等国家的网络素养教育体系已经非常完善,网络素养教育不仅被纳入中小学义务教育课程体系,还被列入政府媒体监管机构的职责范畴,更成为公益组织的帮扶新领域。

互联网最早诞生于美国,其网络发展的技术优势和普及规模毋庸置疑。美国的大学是开展网络素养教育的主导力量,多家高校分别开设了相关网络素养课程。20 世纪 80 年代以来,随着网络技术的颠覆性革命周期日趋缩短,青少年对网络的依赖程度不断加深,包括美国高校和社会组织在内开始参与网络素养教育。由托曼（Elizabeth Thoman）和霍布斯（Renee Hobbs）等人成立了媒介素养中心和美国媒介素养教育协会,开展了一系列深入探索。20 世纪 90 年代之后,美国高校普遍为学生开设各种信息伦理、网络伦理课程和讲座,还利用图书馆丰富的资源为学生提供相关服务。其中,美国大学与研究图书馆协会理事会 2015 年 2 月正式批准通过的《高等教育信息素养框架》,对当前网络素养教育具有重要借鉴意义。其重要建树在于理论框架的构建,它既不是标准也不是规程,而是一种学术立场和观点的说明文。其特意使用了"框架"一词,该框架是基于一个互相关联的核心概念的集合,可供灵活选择实施,而不是一套标准、一些学习成果或既定技能的列举。该框架旨在挖掘信息素养的巨大潜能,使其成为更有深度、更加系统完整的学习项目,涉及学生整个在校期间的专业技术课、本科研究、团体学习以及课程辅助学习等各个方面。其非常关注合作的重要性及其在增强学生对知识创造和学术研究过程理解上的潜能。同时也强调学生的参与度与创造力,强调这些因素的重要作用[①]。

加拿大的网络素养教育与其媒介素养教育一脉相承,自 20 世纪 60 年

---

① 韩丽风,王茜,李津等.高等教育信息素养框架[J].大学图书馆学报,2015(6)：118 - 126.

代末的"屏幕教育"开始,经历了 70 年代的衰退和 80 年代的复兴,90 年代后随着教育部门的课程改革进入全面深化发展阶段,课程体系不断完善,出现了跨地区、跨文化和跨国界的交流。安大略省是加拿大推行网络素养教育成果比较显著的省份,也是北美第一个正式在司法上规定媒介素养教育是必修课的地区,采用学科交叉和社会家庭结合的教学模式。新加坡对网民综合素质给予了高度关注,也是较早将关注焦点从媒体素养教育转移到网络素养教育方面的国家。总体来看,网络健康和网络安全是目前新加坡开展相关工作的主要落脚点。网络健康是新加坡政府最为重视的教育问题之一,政府专门针对网络健康成立了咨询委员会,并率先提出了一个专业名词"Cyber Wellness"。它拓展了网络健康的内涵,将网络健康和网络安全首次结合在一起,涵盖了判断网络有害信息的能力、自我防护网络虚假信息侵蚀的能力、维护网络健康的意识,以及利用网络信息促进个人健康发展的能力。新加坡不仅搭建了网络素养教育在线平台,还成立了网络健康指导联合委员会。

此外,澳大利亚通讯及媒体管理局开设了名为"Cybersmart"的在线网络素养教育平台;新西兰网络安全组织"NetSafe"则通过在线平台帮助培养青少年网络素养;欧盟委员会成立了"网络素养"的在线教育平台,提供免费学习材料《网络素养手册》;国际图书馆协会与机构联合会发布了相关报告书,呼吁重视发展人们获取、评价和利用数字信息的能力并参与制定了国际数字技能框架。

在培养大学生网络素养的实践层面,我国高校也作出了积极探索。以北京市市属综合性大学北京联合大学为例,其一是提出网络素养标准评价体系,包括十条标准;二是组建国内首个"网络素养教育研究中心",该中心围绕应用性开展网络素养相关研究,编写网络素养培训教材、学术专著,开展网络素养标准的分人群研究,探索新媒体人才培养创新模式,对外推广我国网络素养教育成果等;三是与千龙网合作推进"网络素养教育七进工程",组织实施网络素养教育进企业、进农村、进机关、进校园、进社区、进军营、进网络,推动全社会提升网络素养,让互联网更好地造福社会。再以重庆大学为例,其提出了"师生网络素养指南",包括坚定的网络政治素养、明确的网络法治素养、过硬的网络道德素养、高度的网络安全意识、敏锐的网络思辨素养、良好的网络应用素养、健康的网络行为习惯和丰富的网络创作能力等八项内容。从网络素养标准制定的角度来看，该指南虽是对网络素养的内涵表述，但已有教育目标的导向意蕴。信息素养作为"中国学生发展核心素养"的要素得到了重视，中小学会开设信息技术课程或计算机课程，但对网络素养的教育体系和内容资源建设还处于分散且零碎的状态。

近年来，企业和社会公益机构积极探索网络素养教育。如腾讯公司的"DN.A网络素养公开课"、重庆市南岸区的"暑期行动"等。2018年10月，华中师范大学和腾讯公司联合成立了"网络素养与行为研究中心"，其旨在整合各方资源，从青少年认知、社会性和发展层面，开展网络素养与行为的基础研究；探索新时代中国儿童青少年网络素养的内涵及评价标准，提出网络素养评价指标体系与测评工具；深入研究儿童青少年网络素养的影响因素，提出相应的网络素养提升机制与策略；构建网络素养课程、读本、培训等内容和相关技术的服务支持体系，为家长、孩子、学校提供健康、有效的网络素养教育理念和工具，共同促进全社会共识，推动网络素养教育。

（三）大学生网络素养教育的问题

随着网络素养、信息素养、媒介素养、数字素养、互联网素养等相关研究的不断深入，学者们也越发关注大学生网络素养教育体系现存的问题及其产生原因。总体而言，网络素养教育面临着四个方面的问题：一是制度保障缺失，先天条件不足；二是教育师资培训滞后，后劲不足；三是网络素养的实践工作不到位，取得的成效较小；四是网络素养中的伦理道德等问题突出，工作深度还需加强。[①] 高校网络思想政治教育是网络素养教育的重要组成部分，诸多学者从网络思政的角度阐述了所面临的困境与挑战，总体可概况为四个方面：一是思想政治教育专业队伍阵地意识不足；二是大学生

---

① 欧阳九根,刘文献,梁一灵.大学生网络素养教育存在的问题与对策[J].教育与职业,2014(14)：175－177.

网络道德法律意识淡薄;三是网络监管不力,难以抑制不良信息传播;四是网络思想教育形式和内容缺乏创新性和灵活性。①

　　有学者指出高校是网络素养教育的主阵地,但是目前的教育体系对大学生上网行为缺乏目的明确、体系完整的教育和引导,导致大学生网络素养整体水平与网络发展速度存在脱节,相关网络素养教育存在严重的滞后性。② 还有学者以大学生网络素养教育出现的问题为切入点,分析大学生网络素养教育的优化对策。如有学者认为大学生是"数字化成长"的一代,网络全方位深度嵌入其日常学习和生活中,没有网络寸步难行。新时代大学生在网络学习、表达、社交和消费中呈现出新的特征,准确把握这些特征,全面了解大学生的网络活动状况和网络行为特点是开展好大学生网络素养教育的前提。以大学生群体的特点为基础探索科学开展网络素养教育的具体措施,是网络素养教育顺应时代发展的应有之举。高校应从转变传统的教学理念、整合优势资源、创新教育手段和目的及加强学生自我教育能力四个方面着手,重视开展网络素养教育工作,融合网络素养教育于专业教育之中,促进网络资源与高校德育资源的整合,打造线上线下优势互补的教学体系,深化网络素养教育的时代内涵。③ 也有学者认为要完善当代大学生网络素养教育,需要积极发挥大学生的主观能动性,鼓励大学生进行自我学习、自主反思;充分发挥高校和政府在大学生网络素养教育中的引导作用;发挥网络平台在大学生网络素养教育中的辅助作用。④

二、大学生网络素养教育的理论支撑

　　网络素养拥有媒介素养和信息素养两大理论来源,其教育同样可借鉴媒介与信息素养教育的相关理论,这为大学生网络素养教育提供了充足的理论依据。

① 李德福.高校开展网络思想政治教育的困难及对策研究[J].思想教育研究,2014(1):61-63.
② 肖立新.大学生网络素养及其培育问题研究——以张家 D 市五所高校为例[D].河北师范大学,2012.
③ 滕建勇,严运楼,丁卓菁.大学生网络行为状况分析及教育对策[J].思想理论教育,2015(5):81-84.
④ 谢孝红.当代大学生网络素养教育研究[D].四川师范大学,2017.

（一）媒介素养教育理论

媒介素养教育理论是网络素养教育的重要理论依据，并多见于传播领域。20世纪20年代，电影等大众传播媒介在世界范围内迅速崛起，开始融入人类日常生活，深刻改变了人类个体文化生活习惯，逐渐改变了人类社会结构。与此同时，其也引发了西方学界对媒介可能产生负面效应的担忧。20年代中期，力图抵抗媒介负面效应的媒介素养教育理论开始发酵，在媒介形态不断升级换代的背景下，经历了提升受众保护能力、提升受众辨析能力、提升受众批判能力、提升受众参与能力四种研究范式，呈现了媒介素养教育从"抵抗媒介"到"与媒介共存"，再到"科学利用媒介"的过程。

媒介素养教育理论具有十分广泛的理论资源和依据，可从多维角度对其进行审视。一是认知心理学依据。媒介素养可被视为受众对媒介的一种认知方式，个人所具备的知识结构和技能影响其看待问题的视野与格局，进而影响个人在媒介信息加工时从编码到解码的全过程。美国媒介素养教育学者詹姆斯·波特（W. James Potter）认为媒介素养教育需要深入了解人的大脑工作机理，主张建立一种针对日常媒介参与的媒介素养教育认知理论，来解释人们是如何过滤信息以及建构意义的①。国内有学者以元认知理论为工具来研究媒介素养教育，主张教授学生内省的方法，促进其自我学习。

二是符号学依据。符号学奠基人弗迪南·德·索绪尔（Ferdinand de Saussure）提出符号的"能指"和"所指"概念，罗兰·巴尔特（Roland Barthes）在此基础上进一步指出，"能指"和"所指"作为一个整体指向新的"所指"的过程中，一个自然化的、暗含意识形态的"神话"就产生了，巴尔特认为应积极揭露"神话"中的意识形态，对其进行批判和解构。20世纪70年代，英国学者莱恩·马斯特曼（Len Mastecman）认为符号学方法是相对客观冷静的研究方法，主张用这一方法分析媒介文本。符号学意义下的媒介素养教育关注学生对媒介表征的分析批判能力，认为符号学是祛魅式媒介素养教育范式的文本分析工具，有助于学生理解批判性媒介素养中的"非透明性原则"——所有的媒介信息都是建构之物。

---

① 张开，张艳秋，臧海群.媒介素养教育与包容性社会发展[M].北京：中国传媒大学出版社，2014：295.

三是文化研究依据。以威廉斯（Raymond Williams）、霍加特（Herbert Richard Hoggart）等为代表的文化研究学派，将文化研究理论资源引入媒介素养教育。其理论核心在于：关注大众文化，肯定其全民参与的价值，把文化从精英主义的枷锁中解放出来；关注受众对文本的解读，强调结构的力量无所不在。这开阔了媒介素养教育研究的视野，使得"媒介信息"素养教育升华为"媒介文化"素养教育。因此，媒介素养教育主张教授学生从整体的文化语境把握媒介文化文本，明辨大众文化产品的优劣，以"参与式学习"的方式解码文化表征背后宏大的社会结构，进而为弱势群体发声、积极履行社会责任。

四是媒介环境科学依据。媒介环境学将媒介视为环境，研究其中人与环境互动共生的关系，其代表人物有麦克卢汉（Marshall McLuhan）、英尼斯（Harold A. Innis）、波兹曼（Neil Postman）、梅罗维茨（Joshua Meyrowitz）等。梅罗维茨曾探讨了三类明确的媒介素养——媒介文本素养、媒介语法素养和媒介本质素养，其中媒介本质素养指的是理解、分析和讨论媒介形式特征的能力。波兹曼在《作为保存活动的教学》中提出并讨论了"两个课程"——基于电子设备的课程和基于识字能力、印刷文字的课程。他认为教育应该被视为一种恒温活动，教师应通过"第二课程"的教学平衡学生在"第一课程"中所吸收的占据支配位置的认知和思维方式[①]。媒介环境学背景下的媒介素养教育关注媒介的结构和技术特征对人类和社会的影响，立足于培养个人的主体理性，让人们突破媒介技术环境的操纵，打造和谐的"人—媒"关系。

五是教育学依据。泰纳（Kathleen Tyner）提出，媒介教育应该偏向"教育"而不是"媒体"，是借由教育培养思辨、独立与创造性的资讯使用方式[②]。教育学与媒介素养教育的勾连十分紧密。批判教育学的代表人物保罗·弗莱雷（Paulo Freire）认为，教育应该激励学生成为具有批判精神的公民[③]。

---

① 林文刚，邹欢.媒介环境学和媒体教育：反思全球化传播生态中的媒体素养[J].国际新闻界，2019(4)：89-108.
② 陆晔.媒介素养：理念、认知、参与[M].北京：经济科学出版社，2010：35.
③ 荣建华.中国媒介素养教育论[M].北京：中国社会科学出版社，2011：48.

建构主义教学理论则认为,学习是学习者自主建构知识或认知结构的过程。教育学背景下的媒介素养教育主张引导学生认识到媒介素养教育学科的知识具有其结构性框架,以强化其对该学科的认知与认同,主张通过场景化、体验式教学引导学生形成批判性思维和主体性意识。

六是意识形态理论依据。阿尔都塞(Louis Pierre Althusser)认为媒介作为"意识形态国家机器"之一是维持政权稳定的关键,统治阶级通过媒介宣传意识形态以及对国家形象进行包装,形成社会共识。葛兰西(Antonio Gramsci)将媒介视为霸权争夺的场所之一,统治阶级利用媒介等各种社会控制模式,使人们自愿服从并同化到统治阶级的世界观中。意识形态理论背景下的媒介素养教育主张教导学生理解和分析主流意识形态的媒介产品,理性接受、积极建设并且有力传播主流意识形态,同时自觉抵御他国意识形态的入侵。

随着信息与传播科技的发展,媒介形态演变正在加剧,媒介素养教育理论在某种意义上已经不能回答"人—媒"关系研究中人应该具有何种能力这个研究范畴。中国社会科学院新闻与传播研究所研究员卜卫表示,近年来她关于媒介素养教育理论方面的研究取向以及教育实践发生了很大变化,尤其是关于一些灌输式的教育观点和实践活动已完全放弃,因为要想提升媒介素养水平就需要尊重参与者,应该从参与者角度出发去反思媒介,而不是从"教育者"经验出发,灌输他们认为应该让别人知道的知识,这与媒介素养教育的本质是背道而驰的[①]。当前占据主导地位的媒介素养教育理论"提升受众参与能力"研究范式,已经无法适应媒介形态演变提出的具体要求。日本学者水越伸认为,媒介素养并不是刻意在学校等地方学习得来,人们应该以某种形式直接面对现实,应将已有媒介实践与媒介素养结合起来,因为一种不容忽视的危险性在于,将媒介素养教育与特定技术以及系统的支配地位相结合,将会与信息鸿沟之间产生某种深层联系[②]。

早在 20 世纪 70 年代,正当媒介素养教育理论在"提升受众批判能力"

①　彭少健.2008 中国媒介素养研究报告[M].北京:中国广播电视出版社,2008:4-7.
②　水越伸.数字媒介社会[M].冉华,于小川译.武汉:武汉大学出版社,2009:179-180.

研究范式下高歌猛进时,起源于图书情报学科领域的信息素养教育理论研究已经起步,而且经过四十多年的发展,呈现出理论研究与实践应用同步发展的局面,整体影响力已远远超越媒介素养教育理论。英国学者索尼娅·利文斯通(Sonia Livingston)指出,尽管在传统上,媒介素养与信息素养都倾向于把个体作为信息或文本的接受者而非生产者,前者更强调对媒介信息的批判与解读,以及对媒介传播本身的理解,后者则突出技术、技能的获得与实际应用,但是如果信息素养可以借鉴媒介素养对信息的批判解读意识,媒介素养能增加信息素养对信息应用及获取的重视,这将会实现双赢①。

(二)信息素养教育理论

信息素养教育理论也是网络素养教育的重要理论依据,并多见于图书情报领域。自 1974 年保罗·泽考斯基(Paul Zurkowski)提出信息素养的概念以来,信息素养教育迅速在世界范围内展开。学者们分别从信息素养教育的理论、模式与方法等方面不断探索,以期适应时刻变化的信息技术与信息环境。从全球范围来看,信息素养教育正处在深刻的变革期,传统的以提高信息技能为主的教育,早已无力应对当下信息生产的复杂环境,尤其涉及信息技术、社会情景及其背后的权力结构时。卢克(Allan Luke)认为,"信息检索模式与社会语境中批判性分析之间存在着一个突显的鸿沟。信息素养能力标准没有涉及批判性素养、新技术和后现代对学科、知识和身份的重建提出的更大的认识论问题"②。换言之,思维层面的批判能力日益超越了单纯的"技术能力"并成为"信息素养"的重要内涵。鉴于此,美国大学与研究图书馆协会在 2015 年发布的《高等教育信息素养框架》中试图以"元素养""阈"等概念的引入,解构 2000 年开始应用的《高等教育信息素养能力标准》在教育导向上的技能倾向。此后,该框架取代原标准成为指导信息素养教育理论与实践的圭臬。

---

① 张艳秋.理解媒介素养:起源、范式与路径[M].北京:人民出版社,2012:88-91.
② Luke A, Kapitzke C. Literacies and Libraries: Archives and Cybraries[J]. Curriculum Studies, 1999(3):467-491.

　　信息素养教育有别于图书馆用户教育,不仅表现在教学方式和方法上,更表现在教育理论上。相对于图书馆用户教育的行为主义理论,信息素养教育奉行的是认知发展理论、认知学习理论以及由此发展起来的建构主义理论。伦诺克斯(Mary F. Lenox)等人指出,"在教育体制的改革中,信息素养也是教育模式和新课程观念发展的理性框架"[①]。信息素养的核心是利用资源学习并将学生培养成终身学习者,它是着重于整合并把利用信息资源作为主要学习过程的一个教学概念。英国学者波特(John Potter)进一步提出了"动态素养"模型[②],国内学者对该模型作出相应阐释,认为该模型对英国学校教育体系中网络素养的教育内容和传统评估方式提出了质疑,主张用"动态素养"概念更新数字素养教育实践,将数字素养教育放在社会文化素养、文字素养、设计素养的大环境中,以创造一种多维、立体的网络素养教育模式。"动态素养"系统关照素养教育过程中出现的困惑、紧张、挑战与变化,涉及素养教育的多个层面与动态元素,直接指向数字素养的教育实践,并将学习过程、认知变化、教育信息平台等联系起来进行考察。[③]

　　近年来,信息素养教育的研究领域进一步扩大,从欧洲信息素养教育大会的历年主题便能较为宏观地发现这一点。该大会 2013—2014 年的主题为信息素养、传媒素养和终身学习;2015 年的主题为信息素养、媒体素养、智慧生活方式和环境可持续性发展;2016 年的主题为包容性社会中的信息素养教育,2017 年的主题为工作场景中的信息素养教育;2018 年的主题为日常生活中的信息素养教育;2019 年与 2020 年因疫情影响未能如期举办;2021 年的主题为后真相时代的信息素养教育。这些议题表明信息素养教育的应用更加具体和广泛,逐步嵌入到社会生活的具体应用场景之中。有学者进一步对 2013—2018 年的欧洲信息素养教育大会子主题进行了分析(表 6-1),其发现信息素养的学术视野,从传统的信息素养基本理论、实践问题以及教育机构、图书馆、图情教学机构的信息素养教育,转变为以更

---

① Lenox M F, Walker M L. Information Literacy in the Educational Process. [C]// Educational Forum. 1993.

② Potter J, McDougall J. Digital media, Culture and Education: Theorizing Third Space Literacies. Basingstoke[M]. England: Palgrave MacMillan, 2017: 18-22.

③ 管璘,宫承波."动态素养"模型:欧美网络素养教育新动向[J].当代传播,2022(3):71-74.

加宏观并具有战略性的视野研究信息素养教育对社会各个领域的影响。

表 6‑1　2013—2018 年欧洲信息素养教育大会子主题[①]

会 议 主 题	年　　份					
	2013	2014	2015	2016	2017	2018
信息素养教育理论和政策研究	√	√	√	√	√	√
信息素养教育实践案例	√	√	√	√	√	√
信息素养教育与图书馆工作	√	√	√	√	√	
信息素养教育与图书情报学教育	√	√	√	√	√	√
信息素养教育与知识管理	√	√	√	√	√	√
信息素养教育在具体环境中的应用	√		√	√	√	√
信息素养教育与教学设计	√	√	√	√	√	√
信息素养教育与社会发展	√	√		√	√	√
信息素养教育与新兴技术	√	√	√	√	√	√
信息素养教育与智慧生活方式			√			
信息素养教育与社区参与				√	√	√
信息素养教育与社会变革				√	√	√
信息素养教育与包容性社会				√	√	√
职场中的信息素养教育					√	√
信息素养教育和新自由主义议程					√	√
信息素养教育与数字版权					√	√

---

① 李玲,王钧钰,陈超.从欧洲信息素养教育大会看全球信息素养教育的现状与发展[J].图书情报工作,2018(17)：143－148.

续　表

会 议 主 题	年　份					
	2013	2014	2015	2016	2017	2018
日常生活中的信息素养教育						√
信息素养教育与积极的公民意识						√
信息素养教育与健康和福利						√

　　伴随着新技术的不断涌现,许多信息素养研究者致力于探寻新的教育理念和教学设计,积极采用新型教育技术和教学方法,努力推进信息素养教育的课程改革与课程评估。在教育理念和教学设计方面,美国科罗拉多大学博尔德分校探索面向创意从业者(包括艺术家、建筑师和工程师)特定需求开展基于创客空间的信息素养教育;英国斯特拉斯克莱德大学教师将现象学理论①运用到政治信息利用教学中;立陶宛维尔纽斯大学图书情报研究所利用引文分析的方法开发博士信息素养课程;美国德雷塞尔大学运用Ⅰ-LEARN模型②指导教师进行信息素养教育;伊朗医科大学尝试将Big6模型③嵌入到伊朗小学生科学课程之中。

第二节　大学生网络素养教育的
问题分析

　　大学生网络素养教育面临着较多问题,大学生成长特质、外部多元化选择和教育要素耦合性是造成此种困境的主要原因。

---

①　Diehm R A, Lupton M. Approaches to Learning Information Literacy: A Phenomenographic Study [J]. Journal of Academic Librarianship, 2012(4): 217-225.
②　Neuman D. Ⅰ-LEARN: A Tool for Using Information for Learning [J]. Library Media Connection, 2012(4): 18-19.
③　孙向东,种乐熹,胡德华.Big6模型及其应用研究[J].图书馆学研究,2014(10): 25-32+40.

一、大学生成长特质决定了网络素养教育的复杂性

大学生正处于成长的重要时期，其思想活跃、富有朝气、好奇心强、善于接受新鲜事物，同时，他们也因自身阅历和心智的不成熟，容易被网络信息所"裹挟"而采取不理性的行为，正是此成长特质决定了网络素养教育要不断满足大学生的不同需求，还要将国家与社会发展的要求融入其中。

（一）意识形态判断能力不足，需以网络素养教育树立政治观

习近平总书记指出："意识形态工作是党的一项极端重要的工作。"[①]意识形态是指"适合一定的经济基础以及树立在这一基础之上的法律的和政治的上层建筑而形成起来的，代表统治阶级根本利益的情感、表象和观念的总和"[②]，其内涵丰富、外延广阔。当前，网络空间已然成为各方势力争夺意识形态话语权的"角斗场"，从网络陷阱、网络泄密、网络动员到网络战争，网络空间的意识形态工作呈现"内外交织""上下联动""隐潜互现"等特征。面对如此错综复杂的意识形态形势，处于三观正在塑形过程中的大学生难免会因认知与实践的不充分而出现意识形态判断能力不足的问题。

所谓网络意识形态判断能力，是指大学生对于网络信息的获取、分析与总结的能力。大学生能否发现网络信息中与主流价值观相一致或不一致的价值导向，是衡量其判断能力的重要标准之一。其中，又以网络信息是否巩固马克思主义主导地位作为其意识形态属性的重要判断标准。同时，大学生网络意识形态判断能力既是其网络认知与实践的前提，也是其认知与实践过程的产物。根据第 50 次《中国互联网络发展状况统计报告》[③]显示，截至 2022 年 6 月，我国网民规模为 10.51 亿人，互联网普及率达 74.4%。微博、微信、抖音、快手等社会化媒体凭借其便捷性、公开性、平等性、自发性和互动性等优势，日益成为网民发布个人观点、宣扬价值理念的重要渠道。大

① 习近平著.习近平谈治国理政（第一卷）[M].北京：外文出版社，2014：153.
② 俞吾金.意识形态论[M].北京：人民出版社，2009：131.
③ 第 50 次《中国互联网络发展状况统计报告》[EB/OL].[2022-08-31].中国互联网信息中心网站，http://www.cnnic.net.cn/n4/2022/0916/c38-10594.html.

学生因网络意识形态判断能力的不足而造成的危害我国政治安全的事件值得关注。

第 50 次《中国互联网络发展状况统计报告》显示,截至 2022 年 6 月,我国 20～29 岁的网民数量已占整体网民数量的 17.2％。网民群体的年龄结构偏年轻化,容易被不良信息误导,在错误和极端舆论的引导下,易加深其对社会的不满。他们可能在"群体极化"效应的催化下,推动网络暴力事件的发生,对国家的政治安全构成潜在风险。而在网络空间中,一些"意见领袖""网络大 V""网络写手"引导普通网民非理性地进行网络政治参与活动,侵蚀大学生对主流意识形态的价值认同。网络空间无序性政治参与的结果要么使整个社会群体对现存政治秩序产生抵触和阻力,要么干脆促成公共事件而改变现存政治运行秩序。① 因此,有必要通过网络素养教育提升大学生意识形态判断能力,引导其形成正确的网络政治观。

（二）网络行为规范意识不足,需以网络素养教育树立法治观

网络空间已成为新的社会存在形式,网络行为也成了社会成员新的行为方式,并在社会生活中发挥着越来越重要的作用,产生着越来越深刻的影响,随之而来的是网络社会的行为失范问题。如何解决网络社会的行为失范问题,构建网络空间的治理体系,已成为当今社会所面临的新的重大课题。

正如习近平总书记所说"网络空间是亿万民众共同的精神家园。网络空间天朗气清、生态良好,符合人民利益。网络空间乌烟瘴气、生态恶化,不符合人民利益。谁都不愿意生活在一个充斥着虚假、诈骗、攻击、谩骂、恐怖、色情、暴力的空间"②。应该看到,网络行为失范现象在我国网络空间中均已出现,其主要表现为经济上的网络诈骗、网络传销、网络洗钱、网络赌博等;文化上的传播淫秽色情、编造低级庸俗信息、散布错误价值观念等;生活上的虚假信息捏造、野蛮人肉搜索、粗暴人身攻击、隐私权的侵犯、个人信息的任意泄露等。网络空间中的行为失范,从根本上说是现实的人

① 何哲.网络政治动员对国家安全的冲击及应对策略[J].南京社会科学,2016(1)：85－92.
② 习近平.习近平谈治国理政(第二卷)[M].北京：外文出版社,2017：336－337.

的行为失范,因为网络空间虽然是数字化、符号化、虚拟化的社会,但仍是由人所创造、驱动、操作、主导和控制的社会,人始终是网络空间的唯一主体。

人的网络行为失范是心理根源与社会根源相互作用而产生的。从人的行为与心理的关系看,行为总是在一定的心理驱使和支配下所展开的,网络行为同样如此。就心理根源而言,导致人网络行为失范的心理状态是多种多样的,主要表现为:一是自认为"无人在场"而形成的放纵心理;二是因主体身份隐蔽而形成的侥幸心理;三是因虚拟存在方式而形成的冒险心理;四是因操作方便快捷而形成的投机心理;五是忽视现实规范制约而形成的宣泄心理;六是因网络多元文化影响而形成的迷惘心理。就社会环境而言,导致人网络行为失范的社会根源是多方面的,包括网络法律法规尚处在建设过程中、网络道德建设和网络法治教育相对滞后、网络管理体制机制还不完善、网络舆论引导相对乏力、网络犯罪侦破难度相对较大。总之,心理根源是网络行为失范的内在根据,社会根源是网络行为失范的外在条件。因此,需通过网络素养教育提升大学生网络行为规范意识,引导其树立正确的网络法治观。

(三)网络空间防范能力不足,需以网络素养教育树立安全观

近年来,互联网不断推动着网民消费模式的变迁,也不断满足着网民日益增长的消费需求。但是随之出现的个人信息泄露、网络诈骗、木马病毒等对大学生权益带来了极大风险。根据第 50 次《中国互联网络发展状况统计报告》[①]显示,到 2015 年 12 月,我国网络支付用户规模达 4.16 亿个,首次超过网络购物用户规模,表明互联网逐步深入线下消费场景,出门"无钱包"、消费"无纸币"习惯初步养成。特别是 2020 年以来,网络支付与无接触支付等方式深度结合,成为继即时通信、网络视频(含短视频)后的第三大网络应用,线上线下融合消费基本成型。因此,线上交易频次的不断增长成为大学生遭遇网络诈骗与木马病毒的重要因素,而互联网所提供的大量免费内容服务及软件服务也让大学生无法逐一甄别信息的安全性与可靠性。

---

① 第 50 次《中国互联网络发展状况统计报告》[EB/OL].[2022 - 08 - 31].中国互联网信息中心网站,http://www.cnnic.net.cn/n4/2022/0916/c38-10594.html.

第 50 次《中国互联网络发展状况统计报告》指出,截至 2022 年 6 月,63.2%的网民表示过去半年在上网过程中未遭遇过网络安全问题,较 2021 年 12 月提升 1.3 个百分点。此外,遭遇个人信息泄露的网民比例最高,为 21.8%;遭遇网络诈骗的网民比例为 17.8%;遭遇设备中病毒或木马的网民比例为 8.7%;遭遇账号或密码被盗的网民比例为 6.9%,详见图 6-2。

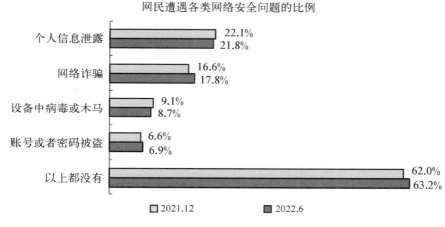

图 6-2 网民遭遇各类网络安全问题的比例
来源:CNNIC 中国互联网络发展状况统计调查

通过对遭遇网络诈骗网民的进一步调查发现,除冒充好友诈骗、钓鱼网站诈骗和利用虚假招工信息诈骗外,网民遭遇其他网络诈骗的比例均有所下降。详见图 6-3。

大学生不仅可能成为网络诈骗的受害者,还可能成为"施暴者"。有学者通过调研发现,有两成左右的大学生曾在网络中侮辱他人或者捏造事实诽谤他人,或故意制作、传播计算机病毒等破坏性程序。[①] 而大多数大学生实施组织侵权行为,纯粹为了"好玩"或"解恨",这背后也反映出大学生薄弱的信息安全责任意识。因此,有必要通过网络素养教育提升大学生的网络空间防范意识与能力,引导其树立正确的网络安全观。

---

① 谷建国.网络控制机制的运行状况及其对大学生网络失范行为的影响[J].理论与改革,2014(5):177-178.

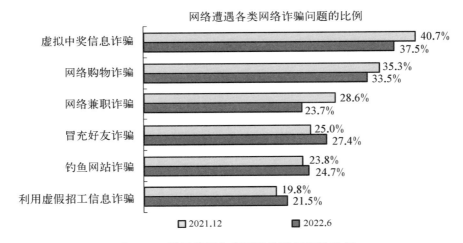

图6-3　网民遭遇各类网络诈骗问题的比例

来源：CNNIC中国互联网络发展状况统计调查

二、外部多元化选择影响着网络素养教育的有效性

大学生网络素养的教育质量也受到外部因素的影响,在牢牢把握网络意识形态领域话语权的过程中,多元化社会思潮、便捷化学习模式、多样化娱乐方式也不同程度地降低了网络素养教育的主导性、主体性与教育性。

(一)网络意识形态的争锋贯穿于网络素养教育之中

意识形态安全是网络空间治理的核心内容,更是总体国家安全的重要基石。伴随网络疆域的不断拓展,网络政治活动越发频繁,不同政治力量的博弈与对抗在网络空间展开,这一新空间已成为不同国家间意识形态争斗的"新战场"。国外敌对势力打着"网络自由"的旗号,通过网络进行意识形态渗透与打压,试图对我国主流文化强行"格式化"[①],因此,加强网络空间意识形态风险防范显得极其重要。

"数字化世界是一个崭新的疆土,可以释放出难以形容的生产能量,网

---

① 吉鹏,许开轶.政治安全视阈下网络边疆协同治理的困境及其突破路径[J].当代世界与社会主义,2019(4):170-177.

络是一个虚拟的宣传工具,但却是施展阴谋的好地方。"①意识形态渗透已成为敌对势力遏制中国发展、破坏中国全方位建设的"利器"。习近平总书记强调:"西方敌对势力一直把我国发展壮大视为对西方价值观和制度模式的威胁,一刻也没有停止对我国进行意识形态渗透。"②一方面,标榜所谓自由主义意识形态的西方国家,利用网络本身的匿名性、超时空性、无边界性等特点,借助各类网络媒介与平台,倡导符合其根本利益的价值观,试图消解我国社会主义核心价值观的权威性与正当性。另一方面,随着信息技术的飞速发展,不同意识形态在网络空间交织互动,各类政治主体围绕各自的话语权展开激烈的争夺,而网络技术与网络空间也为敌对势力进行意识形态渗透提供了有利条件,其渗透的方式更加隐匿、复杂和多元,对主流意识形态形成一系列的分化、弱化、腐化、丑化,以此削弱主流意识形态的主导性地位。

政治性是意识形态最为核心的内涵与特征,互联网开拓了主体间互动的新空间、新领域、新方式、新手段,并对政治参与、政治民主、政治发展产生了广泛而深刻的影响,这也为政治稳定与安全带来的新风险与新挑战。德国学者乌尔里希·贝克(Ulrich Beck)认为:"科学技术的发展是风险社会由前现代社会到现代社会转化的重要条件之一。"③社会成员在享受由互联网技术所带来的巨大成果之时,也面临了一系列政治安全风险。网络空间出现的虚假信息泛滥、政治参与极端情绪化、网络暴民等无序化、失控的无政府主义等会造成政治沟通渠道的梗阻与失灵,使得各群体间的政治矛盾激化,在威胁国家政治安全的同时进一步冲击意识形态领域的安全。

（二）多元化社会思潮冲击着网络素养教育的主导性

在《中共中央关于党的百年奋斗重大成就和历史经验的决议》中明确指

---

① 埃瑟·戴森.2.0版数字化时代的生活设计[M].胡泳,范海燕译.海口:海南出版社,1998:17.
② 中共中央文献研究室.习近平关于社会主义文化建设论述摘编[M].北京:中央文献出版社,2017:16.
③ 乌尔里希·贝克.风险社会:新的现代性之路[M].张文杰,何博闻译.南京:译林出版社,2018:112.

出,"拜金主义、享乐主义、极端个人主义和历史虚无主义等错误思潮不时出现,网络舆论乱象丛生,一些领导干部政治立场模糊、缺乏斗争精神,严重影响人们思想和社会舆论环境"。互联网技术启发了民众的文化自觉并使其自发地传播信息、记录社会、发表意见,民众的社会参与度提高。同时,社会上的一些矛盾在网络空间涌现,社会思潮也出现了激荡变化,这一趋势影响着民众的思想,对主流意识形态发展也造成了冲击。总体而言,民粹主义、历史虚无主义、拜金主义等社会思潮对网络素养教育的冲击较大,并不断"裂化"大学生群体并使其"圈层化"。

当前,网络民粹主义思潮日益演化为反对精英主义政治的平民思潮。近年来,全世界频发的一系列民粹主义案例值得警醒。网络民粹主义思潮则结合此类事件,以诋毁和否定精英阶层、迎合和同情社会民众、解构和曲解权威信息为网络议题,以泛道德批判和现实侵蚀为"鼓动"方式,将大众参与网络舆论作为其博弈手段,这对大学生的理想信念、爱国情怀、人格意志等产生较大的负面影响,其宣扬的非理性和对抗性倾向,与引导大学生树牢正面向上的价值观的初衷背道而驰。

历史虚无主义思潮以"反思历史"和"还原历史"为名,歪曲"解放思想"为实。尤其表现在对党的历史描述上,以虚假代替真实。如一些电视剧和网络小说试图帮反面历史人物洗白;有的历史虚无主义者假借虚无历史否定当下,离间党和人民的真挚感情;国外敌对势力也试图通过渲染历史虚无主义对我国的意识形态领域进行渗透。自媒体的广泛应用,让大学生群体成为历史虚无主义的"易感"人群。由于大学生历史知识匮乏及其历史观尚未形成,极易在自媒体的误导下受到历史虚无主义的迷惑。

"拜金主义"是指金钱崇拜或者金钱至上的价值观,即"一切向钱看齐"或"金钱是万能的"。当前,网络炫富不断刺痛社会神经,强化了金钱价值观。"淡泊名利"被当代人称为"傻"或"窝囊",一些媒体为吸引人们的眼球,故意报道一些关于"土豪""富二代"的故事,大学生在接触到此类信息时,会羡慕他们挥金如土的生活,致使拜金之风盛行。"宁愿坐在宝马里面哭,也不愿坐在自行车后面笑"曾火爆一时,这种"拜金主义"的择偶观点,对大学生也产生了极大的负面影响。总之,"拜金主义"让大学生的精神世界陷入贫困,是影响大学生健康成长的"毒瘤"。

（三）便捷化学习模式淡化着网络素养教育的主体性

随着教育信息化的深入推进,网络学习方式在全球范围内得到了广泛应用,越来越多的学习者正借此获取知识和发展能力。网络本身是一把双刃剑,它带来了信息的丰富,也带来了信息选择的艰难;带来了真实的心灵敞开,也带来了真实身份的隐匿;带来了虚拟世界的交流,也带来了现实世界的孤独;带来了主体性的发展,也带来了主体性的束缚。因此,应当充分重视便捷化学习模式对大学生网络素养教育的冲击和主体性的消解。

网络的便捷化学习模式强化了学习者对技术的依赖。在网络学习中,一方面,学习者相对摆脱了对自然、物和人的依赖,从而获得更高的主体地位;另一方面,学习者又面临着对技术及技术专家的过分依赖所造成的主体性的部分丧失和主体能力的退化。网络学习必须在计算机、网络和虚拟现实等信息技术的支持下才能展开,网络学习的空间也都是计算机、网络和虚拟现实技术创造出来的。没有这些技术,一切都无从谈起。除了硬件之外,网络学习还需要软件作支持,而软件是计算机专家编制和设计出来的,其中渗透着他们的意志和观念,运用这些软件的人只能完全服从这些设计,自身处于被动地位。从学生的学习来说,网络课程的设计、网络学习环境的构建较之传统学习,融入了设计者更多的理念和价值取向,从学习目标的设置到学习内容的选取、从学习资料的收集到学习步骤的安排,无不渗透了课程设计者的加工,这种加工比传统学习中教师的加工更深入、更无所不在。因此,学生的自由在某种程度上是一种表面现象,从深层来看,学生对技术及设计者都有相当高的依赖性。

网络的便捷化学习模式强化了学习者对真实世界的疏离。虚拟现实虽然逼真,但终究是一个虚拟的世界,并非真实的生活。不管网络信息如何丰富,它终究是人类自身为自己设置的世界,是人们自己"制造"出来的世界,而不等同于真实世界。如果沉溺于网络的虚拟世界,就有可能丧失人的真实情感和价值判断,导致主体对真实世界的疏离。人的物质需要和精神需要最终还得通过现实社会得以满足,任何网络中人最终还要回到现实中解决问题。一个对现实世界冷漠和疏离的主体一旦回到真实世界便可能无法适应,其在网络中表现出来的自主性、创造性将荡然无存。

网络的便捷化学习模式弱化了学习者的理性思考能力。一是网络有可能演化成一种新的控制工具,人们被网络及其所传播的信息所控制,其行为风格、精神信仰、思维习惯甚至内在需求全按网络提供的模式和信息进行。人们看上去具有选择的权利和自由,而实际上被网络剥夺了自由,最后反而丧失了主体性。二是网络世界是一个价值多元的世界,它提供大量的知识和信息,却并不进行价值评判。三是网络信息泛滥成灾,超出了主体的正常负荷之后,容易造成主体感觉迟钝、判断力下降。四是网络呈现的知识和信息大多是形象化、感性化、动态化的,追求视觉效果,只有这样,它才能在最短的时间内吸引人们的注意力。这些信息留给学习者思考的空间不大,如果长期处于这样的信息环境之中,可能会抑制学习者抽象思维能力的发展,使人缺乏深入的理性思考能力。

网络的便捷化学习模式弱化了学习者学习的目的性。在虚拟实践中,由于对真实世界的疏离,由于理性能力的弱化,主体往往容易混淆这种主客体关系,把虚拟当成目的本身,而真实的目的便消解了。不少人在网络中的活动陷入无目的状态,盲目跟着信息走,原本有目的的也可能会在信息的海洋中迷失。例如,"网络成瘾"的主体对网络产生病态的依赖,为了上网而上网,手段成为目的,主体被客体所奴役,主体性严重弱化。又如网络学习中的"信息迷航问题",即"发生在网络自主学习情形下,当学生面对大量信息而产生的、类似于在大海中航行时迷失方向而不知所措的现象"。① 网络能轻而易举地把有目的的寻求变成无目的的漫游。

（四）多样化娱乐方式削弱着网络素养教育的教育性

随着娱乐的泛化与异化,大众视域中的"快乐"大多建立在放弃意义追

---

① 吴伟敏.网络学习中的信息迷航问题初探[J].中国电化教育,2001(10)：52-54.

问和理性思考的基础上,娱乐的审美性随着物欲的膨胀而逐渐淡化。娱乐对人的驾驭与控制已经超越任何时代,深刻影响着人们的生活习惯和行为方式。

研究发现,"户外活动和网络信息活动能够正向预测学习效能感,而网络社交及音视频活动则反向预测学习效能感"①,学生年级越高越少开展户外活动和游戏娱乐活动,而更倾向于基于网络的活动,即网络社交及音视频活动、网络信息活动。开展一次户外活动通常要投入几个小时的时间,这种时间的需要与学生越来越繁重的学习生活相冲突,所以随着年级升高学生从事这类活动的频率降低了②,游戏娱乐活动也是如此,且过度沉迷的情况下会花费更多的时间。同时,网络社交及音视频活动、网络新闻等均具有碎片化的特征,学生长期采取此类方式极其影响其专注力,会使学生的思维渐渐趋于有广度而缺乏深度。

娱乐方式的多样化加剧了网络学习的"碎片化"程度。一是网络学习内容结构松散、生命周期短。网络中"段子式"的只言片语饱含调侃与幽默,颠覆了传统完整的叙事式信息结构,原有知识体系分崩离析,然后经过重新排列组合形成相互间弱联系或无联系的信息碎片,以碎片化、非线性的形态散落在网络的各个角落。搜索引擎与超链接将这些碎片按某种联系重新聚合,微博、微信等社会化网络工具推动信息碎片在不同用户间流通。网络信息的传播以为用户提供有吸引力的信息为导向,力求保持知识的新鲜度与流行程度,无形中驱使着信息更新的频率加快,最终导致每个碎片的生命周期越发短暂。二是网络多种表达形式、多平台呈现。网络碎片化信息的呈现形式丰富多彩,可以使用文字、图片、音频、视频、动画等多种形式载体承载信息。各种表达形式在制作难度、传输效率、信息量等方面都具有明显的优势与不足。碎片化学习内容往往由其中一种或多种形式结合的方式呈现,适应不同用户的选择需求。此外,碎片化学习资源的呈现平台多样化,各种客户端程序与数字化终端实现了有效吻

---

① 周颖,王锢.网络时代中学生的线上及线下休闲活动与学习的关系研究[J].基础教育,2016(6):77-84.

② 冯晓玲.我国青少年身体素质下降的成因分析与对策研究[D].北京体育大学,2012.

合，学习者可以随时随地通过移动终端设备中的客户端应用程序、浏览器等多种平台进行学习。

三、教育要素耦合性制约着网络素养教育的整体性

大学生网络素养教育是系统性工程，需要各教育要素的高度耦合才能发挥教育的整体性功能。当前，课内外联动机制、师资队伍建设、教育内容与形式等的不足是制约网络素养教育整体性功能的主要因素。

（一）网络素养教育的课内外联动机制有待完善

中共中央、国务院印发的《中长期青年发展规划（2016—2025 年）》指出，要在青年群体中广泛开展网络素养教育，把互联网作为开展青年思想政治教育的重要阵地。大学生网络素养教育需要个人、家庭、社会、高校和政府多方协力，共同推进。

当前，我国的网络素养教育实践尚未全面普及。在课程方面，高校网络素养教育仍存在偏活动化、偶尔化现象。浙江某高校在关于"在学校曾修过相关网络素养的课程或类似活动讲座"调查中，24％的大学生表示听说过没参加过，44％的大学生表示没听说过[①]。在福建某高校调查中，73.7％的大学生觉得学校在网络知识及技能教育上不够重视，81.9％的大学生觉得高校有必要进行媒介素养的宣传、开设相应的课程和讲座[②]。在河南 6 所高校的本科生及专科生作为抽样对象的调查中，高达 78.5％的大学生表示没有接受正规的网络素养教育[③]。目前，我国仅有少数高校开设了网络素养教育相关的独立式课程。比如，清华大学开设了"网络素养"课程，复旦大学开设了公共选修课"新闻媒介与社会"，中山大学开设了"新媒体素养"课程，中国计量大学开设了公共选修课"大学生

① 杨杨，冯荣.基于社交网络的大学生网络素养分析及培育路径研究[J].理论观察，2016（4）：148－149.
② 吴智灵，钟艳.关于大学生网络素养教育体系构建的研究——以三明地区高校为例[J].吉林省教育学院学报（下旬），2015（12）：13－14.
③ 徐春玲."互联网＋"时代大学生网络素养现状调查分析与教育建议——以河南省六所高校的抽样调查为例[J].新闻教育，2016（5）：63－66.

网络素养"。

北京师范大学于 2014 年开设了"网络素养教育"课程①,详见表 6-2。

表 6-2　北京师范大学"网络素养教育"课程简介(2014 年)

序号	主　题	内　　　容
1	时间管理方法、自我规划能力模块教学	引入时间管理方法和工具软件帮助学生进行合理的时间管理,通过学生间的交流、课堂讨论吸收优秀的时间管理方法,由学生自行设计适合自己的时间管理工具,通过小组协作的形式实施。 在课程中引用自我规划的国际最新研究成果,提升学生自我规划、自我控制的能力。
2	网络信息获取方法教学	介绍 Google scholar、CNKI、Web of Knowledge 等获取网络信息的方法的教学。从网络使用的自我效能感、网络认识观等角度开展网络素养教育模块的教学,提升学生使用网络的能力。
3	网络休闲教学	理论教学部分向学生介绍网络社交、网络游戏、信息获取、网络购物对休闲满意度、学习效能感影响的最新研究成果。 评估学生的网络休闲生活实践状态,通过开展网络休闲教学活动,拓展学生的网络休闲生活范围,在其中帮助学生学习到高级网络使用技能,并达到提高休闲满意度和高学习效能感的目标。
4	网络学习实践	带领并监督学生开展网络学习实践

重庆大学校党委学生工作部负责网络素养教育相关事务性工作,马克思主义学院负责课程建设,配备 3 名教授、2 名副教授、3 名讲师共同为同学们讲 8 个专题的课程,这 8 个专题分别是"互联网发展与大学生网络素养""互联网不是法外之地""互联网商业及创新创业""远离网络诈骗和网络贷的陷阱""网上资源利用与学习技能""网络舆情与网上舆论斗争""网络文化作品创作"以及"争做青年好网民",共计 1 个学分、16 个学时,

---

① 网络素养教育[EB/OL].[2024-10-01].学院路课程学习中心网站,http://study.xueyuanlu.cn/course.php? action=show&onlinecourseid=1646

并采取学习过程考核与期末论文考核相结合的考核方式,其中,期末论文考核包括创作网络作品、撰写研究论文和撰写网络文章等三个部分。① 该课程具有宏观性高、实用性强、内涵性多的特点,并以期末考核的形式加强了学生的网络素养实践。

鉴于我国网络素养教育仍在起步阶段,全国性的网络素养教育体系尚未形成,大学生网络素养教育存在偏活动化、单一化、偶尔化现象,不仅相关课程开设较少、专业教师缺乏,而且市场上相关教材很少,教学相关实践中几乎没有可借鉴的案例,所以目前要大范围普及大学生网络素养教育的独立式课程存在较大的难度。因此,可将网络素养教育融入计算机类、思想政治理论课和心理健康教育类公共课程中,这样的融合式课程具有较高的普及性和可操作性。

(二) 网络素养教育的师资队伍建设有待加强

当前在高校网络思想政治教育队伍中,不同程度地存在一些工作者缺乏网络素养的现状,具体表现为网络教育理念相对滞后和网络知识结构单一。在网络教育理念方面,部分教师没有走好"网上群众路线"和做到"网上网下一致性"的职业要求,表现出一种"分裂"现象。一些教师以"工作和生活分开""保护个人隐私"为由,把自己的学生屏蔽于微信"朋友圈"之外,甚至拒绝在社交平台上加学生为"好友"。

而在网络知识结构方面,一些教师缺乏良好的网络信息处理和网络软件应用技能。目前,微信、QQ、微博、抖音等是大学生黏度和使用频率较高的网络社交平台已成为传播思想政治教育信息的重要途径,但教师对网络思想政治教育资源的开发、利用、研究程度还比较低,缺乏对网络信息的关注和互联网思维,在直面"非难"时他们常常犯"尴尬症",面临"网络大V"制造的错误观点时也大多会失声、失语甚至失去话语权,以致难以落实"寓价值观引导于知识传授之中"的教育目标。

目前,高校网络素养教育的师资队伍大致分为三个主体:一是辅导员

---

① 2021"大学生网络素养"通知[EB/OL].[2021 - 07 - 05].重庆大学官方网站,http://xgb.cqu.edu.cn/info/1035/1428.htm.

队伍,直接负责大学生日常思想政治教育;二是高校的学工机构和团委,主要负责计划、安排、协调、管理、评估相关活动以及制作和发布网络素养教育资源;三是思想政治理论课教师,负责教学和进行思想政治教育学科研究。三者虽有明显分工和一致的目标,但是协同性不足,甚至在线下还处于"各自为政"的割裂状态,因而更难在线上形成同频共振、资源共享、协同合作的格局。为了克服这个难点,高校亟须引进具有网络应用技术和舆情监测能力的人才来补齐短板,充实网络素养教育队伍。

高校网络素养教育队伍建设是一项复杂的系统工程,需要从人才引进、任免、业务培训、薪酬奖惩、绩效考核、工作评估等不同层次、不同领域、不同环节进行制度设计,且在新时代提出新工作要求的形势下,高校网络素养教育队伍更加迫切需要强化队伍管理。强化队伍管理又必须靠制度化作为保障。当前,高校网络素养教育队伍建设的制度化管理还处于探索阶段,并缺乏相应的管理制度作为保障,主要体现为不完善的组织制度、欠缺人才引进和培训的配套制度、教育评价制度相对滞后,这严重制约着教师队伍的建设与发展。

（三）网络素养教育的内容与形式有待创新

网络素养教育尚未形成相应的学科范式,在信息运用上多借助以图书情报档案学科为支撑的信息素养为内容,在信息传播上多借助以传播学学科为支撑的媒介素养为内容。由于学科范式的不统一,大学生网络素养教育的内容与形式相对贫乏。

1. 大学生网络素养教育的相关教材较少

教材是教育内容的集中体现,而关于大学生网络素养教育的教材屈指可数。一方面在于网络素养的内涵尚未明确,另一方面,信息和媒介素养方面的理论研究较为深入,一定程度削弱了网络素养方面的研究力度。当然,我国学者也努力围绕网络素养撰写专著和教材。

在国内较早可见由共青团中央中国预防青少年犯罪研究会编、清华大学出版社 2012 年出版的《青少年网络素养大讲堂》,该书共十讲,分别涉及网络与学习、网络与游戏、网络与交友、网络与社会、网络与犯罪、网络与文明、网络与健康、网络与成瘾、网络与生活和网络与安全等话题。由于该书侧重于中小学生群体，并以解读社会现象为主要方式，故较不适合高校使用。而由张子凌和老卡翻译、霍华德·莱茵戈德（Howard Rheingold）所著电子工业出版社 2013 年出版的《网络素养：数字公民、集体智慧和联网的力量》一书，其实质是关于数字素养方面的研究与探讨，由于数字素养仍保留了信息素养的研究范式，其主要介绍了改变世界的五种素养，包括注意力、对垃圾信息的识别能力、参与的力量、协作能力和联网智慧。但由于该书主要倾向于网络社交媒体并多以西方社会结构为背景讲述网络素养，故也不太适合用于我国高校的网络素养教育。

由曹荣瑞主编、上海交通大学出版社 2013 年出版的《大学生网络素养培育研究》一书，通过大量的实证研究资料与数据，提出了网络素养教育应当更新理念、走进课堂、拓展阵地、关注新媒体以及构建评价机制等方面的建议。

网络素养方面的专著于 2017 年开始出现井喷式增长，比较具有代表性的有伦洪山所著《网络素养》、武文颖所著《大学生网络素养对网络沉迷的影响研究》以及方增泉等所著的《中国青少年网络素养绿皮书》等。但总体而言，这些专著并不能直接作为大学生网络素养教育的教材，同时，由于网络素养教育的内涵尚未达成统一，也导致了高校无法有效落实中共中央、国务院印发的《中长期青年发展规划（2016—2025 年）》中关于"在青年群体中广泛开展网络素养教育，引导青年科学、依法、文明、理性用网"的要求。

2. 大学生网络素养教育的形式较为单一

我国大学生网络素养教育的开展形式可归纳为三类。

其一为在线学习类，多由政府或高校相关职能部门统一组织并制作相应学习内容。如由教育部主管主办、教育部思政司指导、高等教育出版社承办的中国大学生在线专题网站，于 2022 年开展了大学生网络素养专题培训，此次培训邀请了来自北京大学、中国传媒大学、中国政法大学等知名高校的专家学者，开设了围绕网络知识、网络安全、网络传播等专题模块，共计 8 门针对性强、形式新颖、内容生动的网络素养培训课程，详见

表 6－3。同时,为增强培训实效、提升学习兴趣、丰富培训形式,中国大学生在线还专门组织业内专家研发知识题库,策划推出了"网尚青春"大学生网络素养知识线上答题活动。

表 6－3 2022 年度大学生网络素养专题培训课程简介

序号	课 程 主 题	主讲专家来源
1	如何认识网络素养	重庆大学
2	如何辨别网络信息	中国传媒大学
3	如何正确看待算法在网络中的应用	北京大学
4	如何从短视频小白变大咖	天津科技大学
5	如何保护好网络个人隐私	中国政法大学
6	如何识别网络诈骗	上海交通大学
7	如何进行自我品牌打造和推广	福建技术师范大学
8	如何成为新媒体达人	中国海洋大学

其二为主题讲座类,多由学校或学院职能部门组织学生参与。如北京大学在 2016 年第二届校园网络文化节中,开展了"E 言堂"新青年网络素养教育系列讲座和"大学生发展综合素养"之网络素养教育专题课程①,系列讲座以网络安全素养教育为重要议题,邀请北京市公安局网络安全保卫资深民警、360 科技有限公司网络安全资深专家、北京大学计算中心骨干教师一道,共话网络公共安全,防范网络电信诈骗;专题课程由导论篇、正诚篇、格致篇、修齐篇、治平篇及结论篇 6 个篇章组成,每个篇章都将包括大学生网络媒介素养内容。课程融合知识传授与实践育人,使第二课堂的育人方式和成果灵活运用于第一课堂,创新课堂教学和实践教

---

① 关于举办北京大学第二届校园网络文化节的通知[EB/OL].[2016－10－17].北京大学官方网站,https://old.pku.edu.cn/dat/245727.html.

学相贯通的途径,将为高校全环境育人体系的长远发展和不断完善进行有益尝试。

其三为竞赛实践类,多由政府或学校职能部门以网络文化节或专项赛事的方式组织开展。当前,全国及省市的大学生网络文化节是与大学生网络素养教育最为相关的赛会,但全国层面的网络素养专项竞赛尚未形成。教育部认可的全国大学生学科竞赛中,"全国大学生信息安全竞赛"的内容与网络素养最为接近,但其专业性要求更高。以第十五届全国大学生信息安全竞赛为例,其分为信息安全作品赛和创新实践能力赛两个赛道,信息安全作品赛的参赛作品可以是软件、硬件等,并以信息安全技术与应用设计为主要内容,该年度竞赛范围定为系统安全、应用安全(内容安全)、网络安全、数据安全和安全检测五大类;创新实践能力赛则采用动态攻防兼备的比赛模式,综合考核参赛战队的漏洞发现、漏洞挖掘、漏洞修复和漏洞利用的综合能力。[①] 不难发现,该项赛事与 ACM - ICPC 国际大学生程序设计竞赛更为相似,需要学生具有较高的代码识别、理解、运用与应变等方面的能力。除此之外,全国高职高专院校信息素养大赛、全国财经高校大学生信息素养大赛、全国大学生计算机应用能力与信息素养大赛等以信息素养为学科支撑的应用类竞赛,也是网络素养专业化提升的重要载体。

综上所述,我国大学生网络素养教育内容虽有较多可借鉴的对象,其形式虽也有多样化的探索与发展,但这与我国社会发展、教育改革进程以及全球化形势均有不同程度的"脱节"情况。网络素养内涵的确定对其教育内容的明确具有决定性作用,这也进一步影响着教材、课程、竞赛以及日常教育活动的内涵式发展。同时,网络素养内涵也受其教育发展的现实情况而发生着变化,换言之,大学生网络素养教育的不断探索,也能进一步锚定适合于大学生网络素养教育的内容与形式,因此,内容与形式上的不断丰富与创新,成为推进网络素养教育发展的重要途径。

---

① 第十五届全国大学生信息安全竞赛创新实践能力赛[EB/OL].[2022 - 04 - 29].全国大学生信息安全竞赛官方网站,http://www.ciscn.cn/competition/securityCompetition? compet_id=36.

第三节　大学生网络素养教育的提升策略

提升大学生网络素养是社会、学校与家庭的共同责任，在社会教育层面应注重政策导向、宣传引导与动员参与功能的发挥；在学校教育层面应注重构建网络素养教育的课程体系、课外培养模式与自我评价模块；在家庭教育层面应以营造良好家风为主要着力点。

一、大学生网络素养教育在社会教育层面的提升策略

大学生网络素养教育在社会教育层面的提升策略，主要表现为发挥政策导向功能，在价值层面形成良好的网络规范；发挥宣传引导功能，在社会层面营造良好的网络风气；发挥动员参与功能，在示范层面树立良好的网络榜样。

（一）发挥政策导向功能，在价值层面形成良好的网络规范

大学生网络素养教育依托于网络空间，网络空间的建设与治理水平决定了教育的质量。目前，网络空间主要呈现出以法律与技术治理为代表的"约束型"和以社会主体共治及多元嵌入式治理为代表的"要素型"治理模式。应当说，以政策导向为代表的"价值型"网络治理模式，则是"约束型"和"要素型"治理模式得以实现的重要前提与保障，其导向功能是提升大学生网络素养教育的重要支撑。

1. 网络治理政策的定位与功能

所谓"价值型"网络治理模式，是指以满足人民日益增长的美好生活需要为价值目标，倡导、制定相关规范并给予相应支持保障的网络治理方式，其多以党中央相关精神文件、政府职能部门相关规章及规范性文件等形式展现。同时，网络公约、倡议书、行为指南等也可视为"价值型"网络治理模式的组成部分，但其影响力往往受发布者所具有权威性的制约，无法达到政策导向的层面及效果。

政策是人类社会发展到一定时期的产物,是阶级意志和阶级利益的体现,因此,政策的作用和意义主要体现在统治阶级维护自己的统治方面。党和国家之所以需要制定政策,就是因为政策能帮助其解决所面临的问题,达到一定的目标。网络治理政策是"价值型"网络治理模式的集中表现,其虽强调主体的约束性但区别于法律法规,更为凸显"应然"的必要性。同时,其虽强调各要素的统筹协调但区别于西方的"行动者"理论,更为凸显政府责任所生成的主导地位。因此,网络治理政策既要遵循"上位法"的立法精神与要求,又要提供技术发展的方向与规范,还要尊重网络主体的行为规律,其一定意义上是"约束型"和"要素型"治理模式的"黏合剂",自身政治性、权威性、原则性、公共性、稳定性与动态性特征,也为"约束型"和"要素型"治理模式的深度融合提供有力支撑。目前,学术界对政策的功能表述不一,有归纳成替代、规范、推动三种的[1],有归纳成制约性、导向性、管理性、象征性四种的[2],也有单维度解读政策的法治功能[3]、约束功能[4]及国家认同建构功能[5]的,总体而言,网络治理政策更为凸显"导向功能"和"规范功能"[6]。

其一,网络治理政策的导向功能。其表现为政党和国家在一定时期内为社会发展所制定的目标,发挥为社会成员的社会活动规定方向的作用。以网络治理政策的导向功能,既是一种行为的导向,也是一种观念的导向;从形式上看,分为直接和间接导向;从结果上看,分为正面导向作用和负面导向作用。政策的此种功能使复杂多变、相互冲突甚至漫无目的的社会生活,引导到一个较为明确、统一的目标上来,使社会成员分散无力、各自为政甚至徒劳无益的活动,转变为一种奋发向上、对美好生活的共同追求。

其二,网络治理政策的规范功能。其表现为政策在实际社会生活中为保证社会正常运转所起到的规范作用。在这个意义上,网络规范也可以理

① 刘昌雄.公共政策:涵义、特征和功能[J].探索,2003(4):37-41.
② 庄德水.廉政政策的理论基础:涵义、形态与功能[J].求实,2008(1):64-69.
③ 丁国峰.现代政府公共政策的法治功能及其实现[J].行政论坛,2012(6):54-58.
④ 李秀峰.制度的持续性特征及约束功能——对历史制度主义公共政策研究框架的探索[J].中国行政管理,2013(10):77-82.
⑤ 袁明旭,左瑞凯.国家治理现代化进程中公共政策的国家认同建构功能研究[J].云南大学学报(社会科学版),2021(2):119-129.
⑥ 钮菊生.论现代公共政策的功能与特点[J].江海学刊,2001(5):71-75.

解为社会控制的一种方式,即通过制定相应的政策,使人们遵守网络空间应有的社会规范,进而维护物理空间中的社会秩序。网络治理政策的规范功能包括监督、惩罚和教育等方面。

在 2016 年 4 月举行的网络安全和信息化工作座谈会上,习近平总书记强调:"依法加强网络空间治理,加强网络内容建设,做强网上正面宣传,培育积极健康、向上向善的网络文化,用社会主义核心价值观和人类优秀文明成果滋养人心、滋养社会,做到正能量充沛、主旋律高昂,为广大网民特别是青少年营造一个风清气正的网络空间。"同年 12 月,国家互联网信息办公室发布《国家网络空间安全战略》,提出尊重维护网络空间主权、和平利用网络空间、依法治理网络空间、统筹网络安全与发展等四项原则,并布置了九项战略任务,包括坚定捍卫网络空间主权、坚决维护国家安全、保护关键信息基础设施、加强网络文化建设、打击网络恐怖和违法犯罪、完善网络治理体系、夯实网络安全基础、提升网络空间防护能力、强化网络空间国际合作。在政策导向下,网络谣言、暴力等乱象得到了有效遏制,初步形成了风清气正的网络空间生态。同时,网络治理政策也推动了相关法律条例的出台,包括《中华人民共和国网络安全法》《中华人民共和国数据安全法》和《中华人民共和国个人信息保护法》等,保障了政策在监督、惩罚和教育等方面的有效执行。

2. 加强网络治理政策教育,树立大学生网络文明观

在网络治理中,政策多作为工具调控网民行为、规范企业的网络操作。价值理性是工具理性的生成源头,网络治理政策虽以"工具"的方式发挥功能,但也深刻反映了我国网络治理的价值目标。

根据我国所发布的网络治理政策,有学者将其分为供给型、需求型、环境型等三类政策工具,在对 2000 年至 2021 年出台的网络治理政策的梳理后,确定了 18 种有效政策工具。通过分析发现:供给型政策工具较关注技术支持,资金投入和人力资源有待增加;需求型政策工具内部使用不均衡,缺乏对网络治理的有效拉动;环境型政策工具重法规管制,各项工具比例有待整体规划。[①] 这些政策不仅是高校网络治理有效性的关键,也是大学生

---

① 谢婷婷,倪建均.政策工具视角下我国网络安全与治理的政策文本分析——基于 2000 年到 2021 年的政策文本分析[J].网络安全技术与应用,2023(1):155-157.

规范网络行为、维护自身网络权益与获取网络资源的重要保障。而在大学生网络素养教育中,我国高校几乎未涉及过相关政策教育的内容。其因有三,一是国家各相关部门发布的政策文件较多,但缺乏系统性、关联性与持续性;二是高校整体性的网络治理政策尚未形成,并多以上级部门指示开展工作;三是高校管理者尚无法完全掌握并有效梳理各类政策。

自 2004 年起,我国相继出台了较多高校网络治理方面的政策文件,包括《关于进一步加强高等学校校园网络管理工作的意见》(教社政〔2004〕17 号);《关于进一步加强高校网络教育规范管理的通知》(教高厅〔2006〕1 号);《关于开展高校校园网络文化建设专项试点工作的通知》(教思政厅函〔2013〕31 号);《关于进一步加强高等学校网络建设和管理工作的意见》(教思政〔2013〕3 号);《教育行业网络安全综合治理行动方案》(教技厅〔2017〕3 号);《关于引导规范教育移动互联网应用有序健康发展的意见》(教技函〔2019〕55 号)《高等院校管理服务类教育移动互联网应用专项治理行动方案》(教技司〔2019〕265 号);《关于提高高等学校网络管理和服务质量的通知》(教科信厅函〔2021〕33 号)等,同时,修订后《普通高等学校学生管理规定》也提出:"学生使用计算机网络,应当遵循国家和学校关于网络使用的有关规定,不得登录非法网站、传播有害信息。"总之,高校在网络治理上多以"约束性"或"惩罚性"内容对大学生网络规范进行引导,一定层面上缺乏了正向激励的引导内容,而且文件内容针对性虽强,但缺少整体上的顶层设计,亟须制定全国层面的高校网络治理规范性文件。

高校网络治理政策教育应当注重以培养学生全面发展为建设目标,充分运用政策文件中的有利因素提升大学生网络素养教育质量。一是提升大学生网络信息的规范意识,发挥网络文明监督者的角色。根据《互联网信息服务管理办法》中所规定,凡涉及:反对宪法所确定的基本原则的;危害国家安全,泄露国家秘密,颠覆国家政权,破坏国家统一的;损害国家荣誉和利益的;煽动民族仇恨、民族歧视,破坏民族团结的;破坏国家宗教政策,宣扬邪教和封建迷信的;散布谣言,扰乱社会秩序,破坏社会稳定的;散布淫秽、色情、赌博、暴力、凶杀、恐怖或者教唆犯罪的;侮辱或者诽谤他人,侵害他人合法权益的;含有法律、行政法规禁止的其他内容的,大学生应当立即停止传输,保存有关记录,并向国家有关机关报告。同时,在《网络信息内容生态治理规定》进一步补充了歪曲、丑化、亵渎、否定英雄烈士事迹和精神,以侮辱、诽谤或者其他方式侵害英雄烈士的姓名、肖像、名誉、荣誉的;宣扬恐怖主义、极端主义或者煽动实施恐怖活动、极端主义活动的相关内容。

二是引导大学生发布正面性的网络信息,发挥网络文明倡导者的角色。在《网络信息内容生态治理规定》中指出,鼓励大学生制作、复制、发布的内容信息,包括宣传习近平新时代中国特色社会主义思想,全面准确生动解读中国特色社会主义道路、理论、制度、文化的;宣传党的理论和路线方针政策,坚定宣传中央重大工作部署;展示经济社会发展亮点,反映人民群众伟大奋斗和火热生活的;弘扬社会主义核心价值观,宣传优秀道德文化和时代精神,充分展现中华民族昂扬向上精神风貌的;有效回应社会关切,解疑释惑,析事明理,有助于引导群众形成共识的;有助于提高中华文化国际影响力,向世界展现真实立体全面的中国的;其他讲品位讲格调讲责任、讴歌真善美、促进团结稳定等的内容。同时,也指出不应发布的不良内容,包括使用夸张标题,内容与标题严重不符的;炒作绯闻、丑闻、劣迹等的;不当评述自然灾害、重大事故等灾难的;带有性暗示、性挑逗等易使人产生性联想的;展现血腥、惊悚、残忍等致人身心不适的;煽动人群歧视、地域歧视等的;宣扬低俗、庸俗、媚俗内容的;可能引发未成年人模仿不安全行为和违反社会公德行为、诱导未成年人不良嗜好等的内容。

三是树立大学生网络权益观,发挥网络文明建设者的角色。《常见类型移动互联网应用程序必要个人信息范围规定》中指出,移动互联网应用程序(App)运营者不得因用户不同意收集非必要个人信息,而拒绝用户使用App基本功能服务,并对三十九类移动互联网应用程序的信息收集内容作出明确的范围限定。大学生还可结合《App违法违规收集使用个人信息行为认定方法》,确定自身信息是否被不当采集。若有不良信息或权益受损,则可通过中央网信办(国家互联网信息办公室)违法和不良信息举报中心进行反馈。同时,《全面推进"大思政课"建设的工作方案》提出:教育部会同中央网信办等,组织开展"大思政课"网络主题宣传活动,鼓励师生围绕思政课教学内容创作微电影、动漫、音乐、短视频等,建设资源共享、在线互动、网络宣传等为一体的"云上大思政课"平台。加强高校思想政治工作网、大学生在线、易班等网络平台建设。大学生可以将其作为自身获取网络资源的有效渠道,并积极参加"全国大学生网络文化节",让网络空间成为大学生成长成才的有效途径。

(二)发挥宣传引导功能,在社会层面营造良好的网络风气

加强大学生网络素养教育,应注重发挥宣传引导功能,尤其是媒体要承担起舆论引导的责任,在社会层面营造良好的网络风气。切实发挥媒体的辅助作用,需要网络媒体企业肩负社会责任,优化平台的数据管理和内容宣传,知名媒体官微应发挥自身影响力引导、监督舆论走势,传统媒体也应当行动起来,构建全社会的网络素养宣传工程。

1. 企业主动担责,加强平台管理宣传

网络媒体企业直接面向广大网民,身处掌握人民群众需要的第一线和舆论战场的中心。广大网络企业应当坚持经济效益与社会效益并重,既要承担经济责任、法律责任,也要承担社会责任、道德责任,特别是全国重点新闻网站、知名商业门户网站和社交平台企业。新闻网站不能一味追求点击率而忽视社会现实,社交平台也不能一味放任自流而成为谣言的扩散器,它们应当通过网站和社交平台加强网上舆论和行为引导,关注网民的网络素养,直接或间接地开展关于大学生网络素养的宣传,同时保护用户隐私、保障数据安全,维护网民权益。

以腾讯公司为例,其作为网络安全的积极倡导者和实践者,一直致力于提高网民的网络素养,维护网络空间环境,保障网民自身权益。2017 年年初,腾讯安全基于海量大数据,发布了以互联网安全为主题的《2016 年度互联网安全报告》。可见,腾讯在培养网民网络素养、履行企业责任的实践工作方面值得其他互联网企业所学习、效仿。只有在自身发展的同时,回报社会、造福人民的企业才是最有竞争力和生命力的企业,以人民网、新华网、中国网、新浪网为代表的传播力较强的主流媒体网站更应当主动担当起引领网络传播风向、关注网民素养的社会责任。

2. 依托官方媒体,引导监督舆论走势

为顺应当前自媒体时代的风潮,例如《人民日报》《人民网》《新华网》等官方媒体纷纷开博,且得到了全国网民的热切关注。其中,《人民日报》、"人民网"的微博关注人次已破亿。因此,官方媒体应当加强行业自律,本着对社会负责、对人民负责的态度,利用大学生最喜爱的公共社交平台建立官方微博、微信公众号,加强网络空间的思想政治工作,尽量减少网上的负面言论,发出好声音、宣传正能量,引领社会主义新风尚。

官方媒体在日常工作中既要体现出自身的媒体品格,又要适应自媒体平台的传播规律,更要承担起传播主流价值观的责任,用社会主义核心价值观和人类优秀文明成果提升大学生的网络道德境界和对网络信息的甄别能力。此外,还应当把握网络舆论引爆点的规律,在舆论出现混乱时主动出击,抓住有效的微博舆论引导接入点,对社会热点或道德两难事件进行理性、客观地评价。"要深入开展网上舆论斗争,严密防范和抑制网上攻击渗透行为,分析网上斗争的特点和规律,运用正确战略战术,组织力量对错误思想观点进行批驳,牢牢掌握网络舆论战场的主动权"[①],充分利用自身的媒体影响力来引导、监督社会舆论走势,培育积极健康、向上向善的网络文化,不断增强官方主流媒体在网络传播中的影响力、公信力,从而修复网络生态,做到正能量充沛、主旋律高昂,为当代大学生的健康成长营造一个风清气正的网络空间。

3. 呼吁传统媒体,构建社会宣传工程

互联网是继广播、报纸、电视之后产生的第四大媒体,而共同构建网络素养的社会宣传工程不可忽视传统媒体的辅助作用,应当大力推进传统媒体与网络媒体融合发展,开展社会宣传活动,构建符合我国国情的大学生网络素养教育社会工程。利用广播、报纸呼吁广大网民聚焦网络素养问题,积极参与政府和社会组织发起的网络素养活动;在大学生所喜爱的电视、电影作品创作中加入网络素养教育的元素,引导他们反思自身的网络素养情况,进而加强其网络行为自律;在公交、地铁等公共场合投放网络素养教育相关

---

① 习近平.用社会主义核心价值观凝心聚力——关于建设社会主义文化强国[DB/OL].[2016 - 05 -05].习近平系列重要讲话数据库,http://jhsjk.people.cn/article/28325925.

的公益宣传片,尤其需要扩大大学生活动区域的覆盖范围,尽快使传统媒体和网络媒体在开展大学生网络素养教育中,"从相'加'阶段迈向相'融'阶段,从'你是你、我是我'变成'你中有我、我中有你',进而变成'你就是我、我就是你'"①。

(三)发挥动员参与功能,在示范层面树立良好的网络榜样

大学生网络素养教育也应采取网络动员的方式引导学生形成相应的行为规范,大学生可以投稿并成为网络"形象大使"。此类实践性较强的网络素养教育活动,既能发挥网络动员的诸多功能,又能树立较为典型的"标杆",使其成为大学生主动参与的对象。

网络动员是社会动员的一种重要方式,也是引导人们参与集体行动的过程,主要以博客、论坛、QQ群、电子邮件等作为动员的载体。网络动员之所以能够成功发起,在很大程度上是由于它引起了人们的认同和感情共鸣。具体而言,网络动员通过改变影响人们的认知、情感、价值判断和意志,形成了某种"认同"或者是"意义的重构"。因此,网络动员过程常常包括信息的传播、情绪的感染、评价的趋同以及共识的形成。网络动员的核心是思想动员,通过在网络上发布信息引起人们的态度、价值观和期望等发生变化,而其最终的目的是希望人们支持并参与行动。如此,网络动员就主要分为初始动员和二次动员。初始动员主要是一种思想动员,通过信息的发布,希望事情引起人们的关注。二次动员是在初始动员的基础上,希望人们不仅在思想观念上发生变化,更要参与行动。这种行动既有可能发生在网络空间之中,也有可能由线上走到线下,直接在现实生活中采取相应的行动。

一定意义上,动员内容是否具有足够的示范性与可行性,是动员能否成功并持续的关键。在社会学习理论看来,人的大多数行为都是通过示范过程而观察学会的,"示范影响指导着人们的行为",并"取决于三个因素",分别是"原型的特征、观察者的特征,以及与匹配行为相连的反应结果"。② 示

① 习近平.用社会主义核心价值观凝心聚力——关于建设社会主义文化强国[DB/OL].[2016-05-05].习近平系列重要讲话数据库,http://jhsjk.people.cn/article/28325925.
② 阿尔伯特·班杜拉.社会学习理论[M].陈欣银,李伯黍译.北京:中国人民大学出版社,2015:76.

范作用的主要功能之一,就是向观察者传递如何将各种行为技能综合成新的行为反应模式的信息。这种信息的传递既可以通过"现实个体的行为"演示,也可以通过(对有关行为的)"形象表现或语言描述"而实现,[①]因此,在选取网络动员的"示范者"时,应从特质相近性上入手,而"示范者"也需要贴近大学生实际情况,以"接地气"的方式将自身所倡导的行为及其理念展现出来。

同时,"一个有威望或有吸引力的原型,可能会诱使一个人去尝试某一特定的行为,但如果这一行为显得并不理想,那么它将被抛弃,而其原型的进一步影响将被消除"[②]。因此,以网络动员所倡导开展的活动,往往需要对参与学生进行多样化的激励,以提升其参与的热情并消解其失败时所出现的消极情绪。目前,大学生网络素养教育中网络动员并未有效发挥功能的重要原因之一,就是缺乏了"以学生为中心"的网络互动机制建设。如针对优秀大学生的评奖类网络投票,其目的是通过网络宣传让更多学生以该"示范者"为榜样,不断促进自身的成长,但在引导宣传时则更为注重票数的高低,缺乏了让大学生通过网络对照"示范者"自省的方法。若在投票时,设置"自我找差距"、从"示范者"身上找优点、"我与示范者的相似处"等互动机制,则能进一步提升大学生知网用网的能力。

二、大学生网络素养教育在学校教育层面的提升策略

大学生网络素养教育在学校教育层面的提升策略主要表现为:基于课堂教学构建网络素养教育课程体系、依托日常教育构建网络素养教育课外培养模式、立足自我教育构建网络素养教育自我评价模块,以此形成教育的良性闭环结构。

(一)基于课堂教学构建网络素养教育课程体系

高校是大学生网络素养教育的主阵地,高等教育的根本任务是立德树

---

① Bandura A. Social Foundations of Thought and Action：A Social Cognitive Theory[M]. Englewood Cliffs，NJ：Prentice-Hall.1986：70.

② 阿尔伯特·班杜拉.社会学习理论[M].陈欣银,李伯黍译.北京：中国人民大学出版社,2015：77.

人,目标是实现大学生德智体美劳的全面发展。当前,部分高校已经开设网络素养相关的选修课程,但尚未形成系统化、完整化、长效化的教育体制机制。提升大学生网络素养,不仅要将网络素养纳入教育教学中,还要建设体现我国国情、时代特征、地区特色的网络素养课程体系。

1. 建立大学生网络素养教学课程体系

大学生的网络意识和网络行为会受到高校思想政治理论课的直接影响,因此,高校要坚持社会主义的办学方向,以习近平新时代中国特色社会主义思想为指导,结合本校发展的实际,建立大学生网络素养教育课程体系。既要优化高校教育内容,完善大学生的知识结构,又要实现传统的思想政治理论课与网络素养的培育的有机结合,方便大学生的理解与掌握,具体可以在以下两个方面展开。

一是在思想政治理论课上增加关于网络素养培育的新内容,教师应遵循教育规律和学生成长的规律,制订教育计划,在大学生对网络道德及伦理的认知水平上,强化其对网络道德素养规范和准则的学习,在思想层面上加深其对理论的理解。教师可以尝试创新教育教学方法,采用多样化的方式激发大学生的积极性与主动性,引导大学生自觉重视和提升自身网络素养。在教育教学过程中既可以采用情景教学,让大学生充分认识网络负面信息所带来的严重后果,并发表自身的看法和感想,教师应适时引导和总结,提升大学生的网络判断能力和处理信息的能力;又可以就最近发生在网络上的热点话题展开辩论,引导学生从不同的角度和立场对同一网络事件进行思考和分析,启迪学生正确对待网络舆论,树立网络法律意识和道德观念,进而提升教育教学效果。

二是增设相关课程或者通过课程思政的方式开展网络素养教育。增设网络道德课程,通过具体的课程向大学生讲解网络素养的有关知识,包括如何利用网络、遵守规则、规范言行、强化道德观念、正确对待网络舆论等。教育主体可以借鉴国内外经验,不断创新教育方法、优化内容,把握大学生的心理特征和行为取向,加深大学生对课程理论知识的学习和掌握。课程思政提倡将思想政治教育有机融入课程教学中,实现知识传授、能力提升、价值引领的有效结合,实现立德树人的润物细无声。这个"有机融入"的特点为实现大学生网络素养课程内容进入课程思政奠定了基础。其教学内容包括使用网络的基本知识和常规使用技能；对网络信息进行理解、分析和评价、处理等能力；网络社交中应该遵行的法理、伦理、诚信教育、道德修养等。这些内容不仅包括新闻传播学、信息学和教育学等内容相互交叉，还融合了社会学、政治学、心理学、法学等学科知识。以大学生喜闻乐见的网络信息与技能作为教学内容，能够逐步增强大学生网络信息的选择能力、批判能力、评估能力和创造能力，同时又弘扬了网络主旋律、传播了正能量。

2. 构建大学生网络素养教学课程支持体系

大学生网络素养教育课程体系是系统性工程，需要教师队伍、教学内容与教学方式等要素的高度耦合。

一是要加强教师队伍的建设。教师应树立立德树人的根本任务意识，切实做到"爱学生、有学问、会传授、做榜样"。高校应选拔相关学科中业务能力好、政治素质高、责任心强的教师形成师资库，通过集体备课、编写教材等方式推进课程与教师的耦合，共同探索并推出一批有效的网络素养教育案例。同时，高校也应积极吸纳社会力量共同建设大学生网络素养教育课程，形成相应的联动工作机制，各省市网信部门及青少年网络素养培训基地等校外单位均能对课程建设提供有力支撑。

二是要有效整合教学内容。大学生网络素养涉及内容较广，如何有效融入原有课程是决定教育有效性的关键。因此，课程既要在知识传授、价值引领中弘扬社会主义核心价值观，传播爱党爱国、积极向上的网络正能量，又要在能力提升上传授好信息技术知识，突出培养学生求真务实、努力钻研、耐心专注的科学家精神和工匠精神，还要通过文明上网、网上伦理教育等教育内容，促进学生形成在网络空间中的高尚文化素养、健康审美情趣和积极生活态度。核心授课内容可包括：网络信息的获取、理解、创造能力培养；预防网络攻击、安全上网等信息安全技术；网络相关法律学习及权益维护；文明上网的伦理修养；自媒体及相关 App 的认知与运用等。由于教学内容较多，需要由课程建设教师队伍形成相应教学计划，并不断与现有课程进行磨合，实现课程之间的无缝衔接，规避重复内容。

三是要改进教学方法。构建教学互长、实操性强的教学模式。课程内容要敢于直面社会问题,应当注重把学生在网上的所思所想、社会网络热点、国内外形势等纳入教学内容,用马克思主义立场、观点和方法来分析与解决问题,不断增强课堂的亲和力与吸引力。以加强网络安全意识为例,可以开设"防范网上兼职中的诈骗套路""防范网络色情视频相关诈骗""保护个人账号隐私"等专题,并邀请相关网络安全专家、企业人士前来授课,让大学生提高防范网络欺诈的水平,逐步增强其网络自我保护意识,进而引导大学生主动思考如何为清朗网络空间、传播网络正能量发挥作用。教学情景应该是开放式、讨论式与问题式的,通过翻转课堂、小组合作学习等方式,促进师生共同成长。

四是要建构教学评价机制。一方面,要注重对教育内容进行有效评价。由于教学内容较多并以案例库、情景题以及模块课件为主,应对这些教学内容进行不定期的评价,如说课、演课或进行教学展示评比等,既能促进教师队伍的深度融合,又能有效提升教学质量。另一方面,要进行综合性动态评估,由党委宣传部、教务处、学生工作部、研究生工作部、团委等校内部门和校外的网信部门、青少年网络素养培训基地等,共同组成大学生网络素养教育联动工作小组,定期开展听课评课和专项研究,对课程进展情况进行评估,并根据课程特点和专业培养要求及时调整内容,促进师生学以致用、知行合一。

(二)依托日常教育构建网络素养教育课外培养模式

网络素养并非大学生与生俱来的,需要长时间的学习和实践。高校应循序渐进地建立与大学生网络素养教育相匹配的模式,以确保大学生网络素养教育的科学性与有序性。高校想要提升大学生的网络认知能力、辨别能力与运用能力,树立网络法律意识和道德观念,并提升网络操作水平,不仅需要构建系统的理论学习体系,还应构建立足于日常教育的网络素养教育课外培养模式。

习近平总书记在全国高校思想政治工作会议上指出,做好高校思想政治工作,要因事而化、因时而进、因势而新。大学生网络素养教育的课外培养模式也应如此,在因事而化上结合重大事件引导学生,在因时而进上满足学生不同发展阶段的需求,在因势而新上借助赛会活动激发学生。

一是因事而化,结合重大事件引导学生理性上网。

近年来,国内高校结合重大事件开展了较多与大学生网络素养相关的教育活动,如以庆祝中华人民共和国成立 70 周年、庆祝中国共产党成立 100 周年等重大事件为教育内容,开展网络征文、作品征集等。同时,高校在日常思想政治教育过程中也要结合网络热点话题进行及时解读,引导大学生理性爱国、甄别陷阱、净化网络空间。

高校应注重将网络素养教育融入专项的人才培养项目中,如上海工程技术大学在其 2021 年"青马工程"中开设"大学生网络素养专题班",分别邀请上海市公安局文保分局治安大队的警官和东华大学时尚文化与传播研究中心的研究人员,为全体学员讲授"大学生反诈必修课"和"新时代大学生网络素养的培育与提升"专题讲座[①]。再如厦门大学于 2022 年举办了第六期"网络素养训练营"学生骨干培训班,培训内容包括摄影、校园新闻撰写、新媒体运营、网络素养、网络安全等主题讲座,互联网思维培养,领导力及演讲能力训练,团队协调统筹能力及综合素质培训等[②]。

高校也应充分利用校外资源,对大学生网络行为中出现的共性问题进行教育。如共青团中央维护青少年权益部联合有关方面制作并发布的 23集"团团微课:青少年网络素养公开课"[③],其中,"抵制网络谣言,还网络一片净土""说话是门艺术,健康使用网言网语""网络云游,助力学习生活""见贤思齐,不要盲目追星"和"谨慎交友,保护合法权益"为针对所有青少年的通用教育内容,还制作了 4 期大学生篇的专题教育内容,包括"网上花钱需谨慎""让网络诈骗无所遁形""网络不是法外之地"和"走出网络海阔天空"。

二是因时而进,满足学生不同发展阶段的需求。

①　2021 年"青马工程"大学生网络素养专题班开班[EB/OL].[2021－10－27].上海工程技术大学官方网站,https://www.sues.edu.cn/_t703/54/32/c274a218162/page.psp.
②　关于举办厦门大学第六期"网络素养训练营"学生骨干培训班的通知[EB/OL].[2023－03－30].厦门大学党委学生工作部学生工作处网站,https://xsc.xmu.edu.cn/info/1017/19291.htm.
③　团团微课:青少年网络素养公开课[EB/OL].[2022－04－10].中国青少年广播影视网,http://www.vocy.cn/vocy/vocyArticle/6060.

高校应针对新生开展关于网络法律法规和网络道德规范的专题讲座，通过学校微信公众号、微博、校刊、宣传栏等途径做好关于网络素养的宣传和普及活动，培育大学生网络素养意识，帮助新生快速从高中阶段过渡至大学阶段，尽快适应大学生活。高校也应充分利用校内外资源，提升新生的网络安全意识。如北京师范大学新闻传播学院在 2022 级新生入学教育学科导航系列讲座中，邀请未成年人网络素养研究中心开展"走进网络素养研究"线上专题讲座。其不仅介绍了青少年网络素养研究的研究背景与重要意义，并结合不同时期的社会环境，梳理了媒介素养和网络素养的概念演进，以及国内外的相关政策纲要、实践活动与研发情况，还提出青少年的认知和行为正处于发展、成熟阶段，在接触、使用媒介的同时也面临认知负载、注意力缺失、信息焦虑、数字压力、网络成瘾、隐私安全、谣言识别、游戏障碍等诸多潜在风险，网络素养研究具有显著的现实价值。除此以外，公安部门也会联合高校相关部门进行网络防诈的宣传教育，形成了"国家反诈中心—地方反诈中心—高校反诈部门"纵向到底的网络反诈宣传教育体系，定期推出网络防诈与反诈的视频与图文内容。

针对大二的学生，重点是帮助他们学会通过网络进行专业学习，与此同时提升他们对网络信息的判断、选择、处理能力。随着网络技术的不断发展，大规模在线开放课程（慕课）等新型在线教育在我国迅速兴起，教育部主办的国家高等教育智慧教育平台、"爱课程网"的"中国大学 MOOC"、清华大学"学堂在线"、上海交通大学"好大学在线"以及多个高校、互联网企业开发的各种类型大规模在线开放课程平台纷纷上线，大学生可以充分利用这些网络资源进行有效学习。

针对大三、大四学生，高校应该为大学生多创造机会去提升网络操作水平，例如开展网页制作大赛、开设软件研发的选修课等，通过多种方式提升大学生的专业水平和网络应用能力。还可以结合他们的专业特点和职业道德规范开展网络诚信教育，引导大学生树立正确的择业就业观念，同时也要及时引导和传递最新的网络文化和网络需求，并深入挖掘这些文化和需求后面隐藏的就业信息。

三是因势而新，借助赛会激发学生参与。

　　以全国大学生网络文化节和全国高校网络教育优秀作品推选展示活动为代表的网络素养实践教育活动,得到了社会各界和高校师生的大力支持与积极参与。各省市和各高校均对标这两项活动,进而形成了"国家-省市-高校-院系"纵向到底的网络素养实践教育"节日化"模式,并通过4个月左右的时间征集网络作品,给予了地方和高校充足的时间进行动员、组织、培训和制作相关作品。

　　以"第六届全国大学生网络文化节"和"全国高校网络教育优秀作品推选展示活动"为例[①],前者征集微视频、微电影、动漫、摄影、网文、公益广告、音频、校园歌曲、其他类网络创新作品等9类作品,高校全日制在校学生均可参与,每项作品可以配备1名指导老师;后者征集优秀网络文章、优秀工作案例、优秀微课、优秀新媒体作品等4类作品,高校思想政治工作者、党务工作者或从事相关领域理论研究和实践工作的专业教师均可参与。由此,便形成了以赛促学、以评促建、师生共创的网络素养实践教育机制。

　　就参与的广泛性而言,以全国大学生网络文化节和全国高校网络教育优秀作品推选展示活动为代表的非专业化赛会,能够吸引更多的师生参与。一方面,其体现了师生的主体地位与能动性,通过师生较为熟悉的网络文化形态和教育方式,由师生根据主题进行自由创作;另一方面,其由国家相关部门牵头、地方政府职能部门响应、高校宣传部门执行的"自上而下"动员模式,使得师生能够获得更为充分的宣传信息、培训指导和组织申报服务,体现出了各层面对于网络素养培育的重视。

（三）立足自我教育构建网络素养教育自我评价模块

　　网络素养教育应当引导大学生进行自我教育,充分发挥其主观能动性,让大学生在网络实践过程中进行自我内省与自觉体悟。自我教育才是真正的教育,自我反省、定时复盘、控制自己的力量,是大学生最需要掌握的能力。高校应让大学生认识到社会、学校和家庭的有限性,更应由内而生,从各个角度提升对于网络的分辨力、定力和抗力。具体而言,大学生网络素养

---

①　第六届全国大学生网络文化节[EB/OL].[2022 - 04 - 28].中国大学生在线,https://dxs.moe.gov.cn/zx/hd/pphhd/dljqgdxswlwhj.shtml.

教育的自我教育应注重道德、法治和心理三个方面。

在道德修养方面,大学生应培养自身的自律自控能力。大学生时刻受到学业压力和生活焦虑等外部因素的影响,其会通过网络游戏、网络视频、网络直播等方式舒缓情绪,但在此过程中,又可能伴随着网络暴力、网络色情与网络诈骗等风险。因此,让大学生绷紧网络实践的道德红线尤为重要。在网络上出现重大舆情时,大学生容易在未知事件全貌的情况下妄加评议,甚至出现谩骂、"人肉"他人等不良行为。大学生应当具有一定的"网络事件翻转"意识,不能被某些导向带入负面情绪之中,要保持公正、理性,客观而负责地发表言论。网络道德意识的主要作用是约束大学生的日常网络行为规范,其能够帮助青年学生建立自律意识,不断提升网络文明程度。

在法治意识方面,大学生应增强网络规则意识。大学生热衷于新奇事物,对网络规范行为的边界认识有所不足。虽然我国法律法规及相关政策已明令禁止了一些"擦边"行为,但大学生并不重视此种规定。如一些大学生并没有意识到自己听到的许多专辑、看过的很多电影都为盗版,心安理得享受着"免费"带来的福利。又如在自发的网络群聊中,大学生管理员应承担监督责任,要对群聊信息的发布人身份进行辨别验证,若出现传播非法信息时,应当马上采取禁言并将其移除群聊等方式防止不良舆论影响扩大化。大学生自我约束、不断增强规则意识,积极抵制不良网络信息具有现实意义。

在心理健康方面,大学生应努力提高自身的网络心理适应能力。大学生应当积极加强自我心理健康和心理素质的建设,团体治疗或个人解压活动都对其心理健康有促进作用。现实与网络的差距容易使大学生产生心理问题。其中较为典型的是大学生会出现逃避人际关系和职业规划迷茫的情况,其根源便在于心理上自我价值与意义的迷失。大学生应当积极地自我暗示、调整个人心态,不要过度地将网络游戏、追剧、刷抖音等方式作为排解,此种方式反而会使得大学生的精神世界更为空虚,并产生更多的无意义感。大学生心理状态的有效调适能够降低自身对网络的依赖程度,有助于自身合理运用网络资源,将注意力转向身边的人和事,多与亲友同学交往,丰富自身对于自我价值与意义的来源构成。

三、大学生网络素养教育在家庭教育层面的提升策略

大学生网络素养教育在家庭教育层面的提升策略主要以营造良好家风为着力点，通过发挥父母的示范效应与提供充足的同侪社会支持，让大学生"沉浸入式"习得良好的网络素养。

（一）父母应注重营造良好家风

习近平总书记指出："家庭是人生的第一个课堂，父母是孩子的第一任老师。孩子们从牙牙学语起就开始接受家教，有什么样的家教，就有什么样的人。家庭教育涉及很多方面，但最重要的是品德教育，是如何做人的教育。"[①]家庭教育始终是大学生网络素养的"原生土壤"，一个文明和谐的家庭风气，对大学生形成良好网络素养具有重要作用。

大学生的身心健康和道德习惯，离不开父母的行为示范和言传身教，这也是家风家教的集中表现。尊重人格尊严、善于互动交流、敢于直面问题、富有温暖情感的家风，这些都有利于大学生将家庭交往习惯迁移至网络实践之中。大学生在良好家风影响下，较少会因为现实中的挫折、困难和不满而出现通过网络平台发泄情绪、寻求安慰的现象。一般情况下，在良好家风中成长起来的大学生在遇到难题时多会与周边师生、亲友及家长进行交流，其中，父母多会采取"倾听、尊重、共情"的态度和方法，了解大学生的实际想法与困境，并给予足够的关心、帮助与支持，同时，还会联系学生的辅导员或导师等，一同为学生的成长保驾护航。在此种环境下，大学生沉迷网络的可能性会降低、网络暴力言行会减少并会有意识地抵制不良网络信息。

大学生寒暑假和国定节假日时多居住在家，良好的家风也能进一步影响大学生的网络素养提升。家长不应再以初中、高中阶段的态度与方式与大学生进行互动交流，而应"拥抱"新媒体所带来的更多的交流话题，在开放、轻松的互动氛围中选取一些热点话题与大学生沟通交流，增强大学生处

---

① 习近平.在会见第一届全国文明家庭代表时的讲话[N].人民日报，2016-12-16.

理网络信息的能力,强化其网络空间中的道德观念、法律意识,引导其正确看待网络舆论并树立正确的网络伦理观。以此也可以了解子女使用网络的倾向、习惯和动态,若发现子女出现网络失范行为,则应采取适当的办法并及时处理和解决。

（二）父母应发挥自身的示范效应

大学生虽已离家求学,但是家长仍然是最传统、最直接的教育者和榜样,言传身教仍是最好的教育方式。人无法决定自身的出身,但家长却能为孩子树立正确的生活方式与行为习惯。家长的文化水平、家庭的经济条件,会影响到子女的教育效果,这也就造成了不同家庭背景和环境下所培养出来的大学生拥有不同的网络素养。因此,父母要发挥好带头示范作用,在使用网络工具时应严格要求自己,坚持言行雅正并努力克服自身的不足。同时,家长应当合理规划和使用网络终端的时间,充分发挥网络技术所具有的积极作用。如利用网络技术解决现实生活和工作中的难题、提升工作的业务水平等,以身体力行的方式引导子女形成良好的网络素养。

家长应成为子女的榜样,在看视频、玩游戏、刷抖音时应控制时间。值得重视的是,家长应当引导子女通过网络平台获取更多样化的优质教育资源,严格遵守网络法律法规和道德规范,避免落入网络陷阱而无法自拔。家长应及时了解和把握子女的学习生活情况,一旦大学生出现网络失范行为或遭遇网络暴力,应及时与辅导员或导师进行沟通交流,制定有效措施帮助学生走出困境。

（三）父母应增加亲朋同侪社会支持

当前,现代传媒日益成为个人与社会联系的重要纽带,大学生已越发习惯于通过网络终端与他人进行交流互动。可以说,互联网已深度介入了人与人、人与社会的联系之中,也造成了大学生对社会交往的虚无感,主体越来越孤立于社会,这反过来又加剧了大学生对于网络的依赖。有研究表明,充足的社会支持有助于大学生快速适应校园生活与学习,并能有效改善其网络成瘾行为。① 社会支持通常是指来自社会各方面包括父母、亲戚、朋友等给予个体的精神上或物质上的帮助和支持系统,原生家庭是社会支持最早与基础的部分,并会影响大学生自主构建社会支持的倾向与方式。家长构建自身社会支持体系的过程,也是引导大学生有效利用社会支持的重要过程。因此,家长可以参考"差序格局"的发生过程,由近及远构建"家庭—亲友—同事—其他社交人员"的社会支持体系。

中国社会结构虽已不再强调"宗族式"的互帮互助成长模式,但血缘上的相近、地缘上的相邻,为大学生获取以亲属为代表的社会支持提供了有利条件。一定程度上,亲属间的社会支持缺乏了"共识性"认同,但这不妨碍相互间对于网络热点事件的讨论与分享。以亲缘性社会支持为基础,能够不断拓展大学生网络社交的广度与深度。同时,家长通过"亲友—同事—其他社交人员"支持体系也能从中寻找到与子女相近特质的社会成员,能够为子女成长提供更多的"同龄人"社会支持。

---

① 邓英欣,蔡龙湖,谢晓东.大学生社会支持与网络成瘾的关系:网络责任意识的调节作用[J].心理研究,2017(6):91-96.

参考文献 | References

专著：

［1］匡文波.网络传播学概论(第四版)［M］.北京：高等教育出版社,2015.

［2］彭兰.网络传播概论(第四版)［M］.北京：中国人民大学出版社,2017.

［3］严三九.网络传播概论［M］.北京：化学工业出版社,2012.

［4］马克思、恩格斯.马克思恩格斯选集(第1卷)［M］.北京：人民出版社,2009.

［5］列宁.列宁选集(第1卷)［M］.北京：人民出版社,1995.

［6］毛泽东.毛泽东文集(第7卷)［M］.北京：人民出版社,1999.

［7］江泽民.江泽民文选(第3卷)［M］.北京：人民出版社,2006.

［8］习近平.习近平谈治国理政［M］.北京：外文出版社,2014.

［9］习近平.习近平谈治国理政(第二卷)［M］.北京：外文出版社,2018.

［10］中共中央文献研究室.十七大以来重要文献选编(上)［M］.北京：中央文献出版社,2009.

［11］新华通讯社课题组.习近平新闻舆论思想要论［M］.北京：新华出版社,2017.

［12］李行健.现代汉语规范词典(第3版)［M］.北京：外语教学与研究出版社,2014.

［13］迈克尔·海姆.从界面到网络空间：虚拟实在的形而上学［M］.金吾伦,刘钢译.上海：上海科技教育 出版社,2000.

［14］Maxwell E. McCombs and Donald L. Shaw. The Agenda-setting Function of the Press［M］.Public Opinion Quarterly,1936.

论文：

[15] 刘佳茗.大学生网络素养教育研究[D].中共黑龙江省委党校,2021.

[16] 胡春霞.思想政治教育视域下大学生网络素养培育研究[D].重庆大学,2020.

[17] 许安琪.思想政治教育视域下大学生网络素养培育研究[D].西南大学,2018.

[18] 周新洋.大学生网络行为特征及其教育对策研究[D].重庆交通大学,2016.

期刊：

[19] 贝静红.大学生网络素养实证研究[J].中国青年研究,2006(2)：17-21.

[20] 叶浩生.认知与身体：理论心理学的视角[J].心理学报,2013(4)：481-488.

[21] 马昂,周菲.新中国成立以来青年"偏离"现象初探[J].当代青年研究,2011(1)：33-37.

[22] 高海波.拉斯韦尔5W模式探源[J].国际新闻界,2008(10)：37-40.

[23] 邢瑶.大学生网络媒介素养教育的现状、问题与对策[J].传媒,2017(6)：83-85.

[24] 夏晶晶.互联网背景下大学生网络媒介素养现状及教育对策[J].黑龙江教育学院学报,2017(4)：7-9.

[25] 蒋建华,卜东东,彭晓英等.基于微博平台的大学生网络思想政治教育探索——以成都中医药大学学生微博使用现状为例[J].成都中医药大学学报(教育科学版),2014(3)：51-53.

[26] 刘树琪.大学生网络素养现状分析及培育途径探讨[J].学校党建与思想教育,2016(1)：57-58+72.

[27] 胡斌.课程思政理念下高校大学生网络素养教育途径研究[J].湖北开放职业学院学报,2021(10)：100-101.

[28] 张雪黎,肖亿甫.信息化发展对大学生网络媒介素养的影响[J].中国青年社会科学,2020(1)：78-84.

[29] 杨丽英,郁有凯.网络舆情引导与大学生网络素养的培育[J].人民论

坛,2014(32):114-116.

[30] 喻国明,赵睿.网络素养:概念演进、基本内涵及养成的操作性逻辑——试论习总书记关于"培育中国好网民"的理论基础[J].新闻战线,2017(3):43-46.

[31] 胡余波,潘中祥,范俊强.新时期大学生网络素养存在的问题与对策——基于浙江省部分高校的调查研究[J].高等教育研究,2018(5):96-100.

[32] 李爽,何歆怡.大学生网络素养现状调查与思考[J].开放教育研究,2022(1):62-74.

[33] 李玉华,闫锋.大学生网络道德问题研究现状与思考[J].思想教育研究,2012(11):62-66.

[34] 叶定剑.当代大学生网络素养核心构成及教育路径探究[J].思想教育研究,2017(1):97-100.

[35] 朱胜楠,郭冉,高蓉蓉.移动互联网时代大学生网络素养现状及对策研究[J].才智,2019(11):108-109.

[36] 燕荣晖.大学生网络素养教育[J].江汉大学学报,2004(1):83-85.

[37] 黄发友.大学生网络素养培育机制的构建[J].北京邮电大学学报(社会科学版),2013(1):27-33.

[38] 石新宇.论网络舆情对大学生的影响及其引导[J].学校党建与思想教育,2014(1):69-70+81.

[39] 吴旭丹."00后"大学生网络行为特征与网络思想政治教育策略[J].法治与社会,2019(3):195-196.

[40] 刘树琪.大学生网络素养现状分析及培育途径探讨[J].学校党建与思想教育,2016(1):57-58+72.

[41] 沈洁.大学生网络素养与核心价值观认同[J].当代青年研究,2018(4):11-16.

[42] 梁丽.大学生网络素养教育的融合式课程探索[J].学校党建与思想教育,2021(1):79-81.

[43] 邓若伊,余梦珑,丁艺等.以法治保障网络空间安全构筑网络强国——《网络安全法》和《国家网络空间安全战略》解读[J].电子政务,2017(2):2-35.

后　记｜Postscript

　　互联网的深度融入已经改变或正在改变着人们的思维和行为方式。网络素养是公民在现代社会生存的基本技能,也是构建和谐网络空间的基本前提。当代大学生是互联网的原住民,网络是他们获取信息和学习知识的重要途径,也是身处其中的全景式环境。网络安全是国家整体安全观的重要一环,提升大学生网络法治思维是时代新人铸魂工程的重要方面,增强大学生网络自我防护技能是人才培养的重要一环。高校肩负着立德树人的根本任务,就要加强网络素养教育的引导、干预和支持,提高大学生对网络信息的辨别能力、对网络技能的操作能力,内化网络法治道德意识,建立正确的价值观,让互联网为我所用,而不是沉溺网络并被网络"异化"。作为思想政治教育工作者,有责任也有义务开展相关研究,为提高大学生网络素养贡献力量。

　　本书从确立题目、商定大纲、搜集素材、撰写文本、精修细节,再到校订版面历时两年。各位编著者在广泛吸取前人工作经验、阅读大量文献、系统整理数据素材的基础上,深入调研和学习理论,最终奉献给读者这样一本书,希望能为推动高校现代化教育转型发展、提升大学生网络素养教育贡献力量。

　　本书由上海大学党委常委、副校长聂清负责策划,学生工作办公室孟祥栋、马成瑶、刘畅负责整体框架设计、统稿、修订等工作。作者分别是:第一章张书磊;第二章袁铭、宗琪;第三章薛赛男;第四章安奕男、白晓东;第五章钱文馨、艾敏、白晓东;第六章陆耀峰。

　　本书在编写过程中,参考了部分网络素养教育的研究论著和学术论文,引用了部分网络报告数据和文献数据,文中均进行了明确标识,致以诚挚感谢。本书出版得到上海大学出版社的大力支持,同样深表谢意。本书作者皆为高校思想政治教育工作者,限于理论基础、时间精力以及篇幅,本书一些观点有待进一步深入探讨。

书籍既成,有欣喜亦有不安。欣喜于呕心沥血之成果终见天日,可为大学生网络素养教育贡献绵薄之力;不安于书中数据论述或有错谬与不当之处,望各位学界前辈、同仁、读者批评、斧正。诚以此书抛砖引玉,望大学生网络素养教育能得到进一步提升。

编　者

2024 年 4 月